全国高等院校计算机基础教育研究会"计算机系统能力培养教学研究与改革课题"立项项目

基于Proteus的微机接口实训

杨志奇 主编

U0291029

北京邮电大学出版社
www.buptpress.com

内容简介

本书是一本以 Proteus 软件为平台的"微机接口"及"ARM 系列芯片"仿真实验、实训教材。书中的实验及理论讲解详细而且实用、可行,本书还提供了完整的仿真电路和实验参考程序,便于读者学习并掌握。本书的主要内容包括:汇编语言编译器的使用、8086 汇编语言程序设计实验、Proteus 使用简介、微机接口实验、嵌入式 C 语言基础、ARM 系列芯片实验。

本书可作为高校计算机科学与技术、电子信息工程等相关专业学生的实验、实训教材,也可以作为工程技术人员的参考用书。

图书在版编目(CIP)数据

基于 Proteus 的微机接口实训 / 杨志奇主编. -- 北京:北京邮电大学出版社,2016.1
ISBN 978-7-5635-4668-8

Ⅰ.①基…　Ⅱ.①杨…　Ⅲ.①微型计算机—接口—实训　Ⅳ.①TP364.7-33

中国版本图书馆 CIP 数据核字(2016)第 009715 号

书　　　名:	基于 Proteus 的微机接口实训
主　　编:	杨志奇
责任编辑:	王丹丹　刘佳
出版发行:	北京邮电大学出版社
社　　址:	北京市海淀区西土城路 10 号(邮编:100876)
发 行 部:	电话 010-62282185　传真 010-62283578
E-mail:	publish@bupt.edu.cn
经　　销:	各地新华书店
印　　刷:	北京通州皇家印刷厂
开　　本:	787 mm×1 092 mm　1/16
印　　张:	12
字　　数:	297 千字
印　　数:	1—2 000
版　　次:	2016 年 2 月第 1 版　2016 年 2 月第 1 次印刷

ISBN 978-7-5635-4668-8　　　　　　　　　　　　　　　　　定　价:24.00 元
· 如有印装质量问题,请与北京邮电大学出版社发行部联系 ·

前　　言

在计算机技术迅速发展的今天,如何培养学生的计算机系统能力,成了一个重要的研究课题。"微机原理与接口技术"是一门涉及计算机硬件与软件技术的综合性专业基础课,学生可以通过学习该课程内容,增强软、硬件相结合的能力,树立起微型计算机体系结构的基本概念,从而提高其系统能力。

"微机原理与接口技术"也是一门对实践性要求很高的课程,没有实验教学的成功就无法实现教学目标。本书在设计、安排实验内容时遵循由简到难、由软到硬、从验证性实验到综合性实验的标准,使学生能够从简单的单个芯片实验逐步过渡到能够独立完成一个小的微机应用系统。

本书的一大特色是通过引入 Proteus 仿真软件做实验平台,解决了微机接口实验受限于时间、地点、设备的问题。Proteus 是英国 Labcenter Electronics 公司开发的电子设计自动化软件,Proteus 拥有丰富的元器件模型,提供对 emu8086、ARM、PIC 等主流处理器的支持;具有多样的虚拟仪器、强大的图表分析功能和第三方集成开发环境。在 Proteus 出现前,传统的实验教学一般都要在实验箱上完成,学生只有在上实验课时才能动手进行实验操作,不仅灵活性差,硬件电路不便改动,而且也不利于系统能力的提高。当前,利用 Proteus 等仿真软件进行电路设计已经成为电子技术发展的必然趋势。另外,由于具有工艺成熟、主频高、功效低、代码密度高、开发工具多、兼容性好等特点,目前 ARM 系列处理器已经成为嵌入式系统的主流芯片,本书也通过第 5 章、第 6 章对 ARM 系列芯片的 C 语言编程进行了详细的介绍。

本书由 6 章组成。第 1 章介绍了 emu8086、MASM 两种汇编语言编译软件。emu8086 动态调试(DEBUG)时非常方便,使用 emu8086 进行汇编语言的编译和调试有助于学生对汇编语言语法和语义的了解。MASM 也是常用的汇编语言编译器,本书使用它与 Proteus 相配合工作。第 2 章安排了几个汇编语言的实验,目的是让学生掌握汇编语言编程的基本方法和结构。第 3 章介绍了 Proteus 软件的使用,目的是让学生掌握使用 Proteus 进行硬件电路设计的基本方法。第 4 章由浅入深地安排了微机接口实验,每个实验都包括实验要求(含仿真电路)、实验目的、实验步骤和实验参考程序,可以作为一个小项目让学生来做,从而让学生真正成为实习、实践的主体。建议在学习时,鼓励学生先自己动手编写实验程序,最后再看参考程序,从而加深对接口技术的理解。第 5 章讲述了嵌入式 C 语言的特点和基本内容,为学生学习嵌入式编程打下基础。第 6 章的内容包括使用 ADS 软件对 C 语言程序的编译及连接过程、使用 Proteus 建立 ARM 仿真电路、C 语言与 ARM 系列芯片实验,本章内容可以作为课程设计或毕业设计的参考资料。

本书是全国高等院校计算机基础教育研究会教改课题的配套教材。在本书的编写过程中作者总结了多年的教学与实践经验,并参考了多种国内、国外相关资料,在此向所有被参考资料的作者致谢。鉴于作者水平有限,书中难免有错误及不妥之处,敬请读者批评指正。

编者:杨志奇

天津大学仁爱学院

2015 年 11 月

目 录

第1章 汇编语言编译器的使用 ……………………………………………………… 1

1.1 emu8086 编译器的使用 …………………………………………………………… 1
1.1.1 学习使用 emu8086 编译器 …………………………………………………… 1
1.1.2 学习使用 EXE 模板 …………………………………………………………… 5
1.2 MASM 编译器的使用 ……………………………………………………………… 5
1.2.1 基础知识 ……………………………………………………………………… 5
1.2.2 MASM 的安装 ………………………………………………………………… 6
1.2.3 Win32 操作系统中 MASM 的环境参数配置 ……………………………… 13
1.2.4 MASM.EXE 的使用 …………………………………………………………… 15
1.2.5 LINK.EXE 的使用 ……………………………………………………………… 17
1.2.6 ML.EXE 的使用 ………………………………………………………………… 19
1.2.7 用 DEBUG 调试可执行文件 ………………………………………………… 21
1.2.8 用 MASM 和 LINK 生成 COM 可执行文件 ……………………………… 21

第2章 8086 汇编语言程序设计实验 ……………………………………………… 23

2.1 顺序结构程序实验 ………………………………………………………………… 23
2.1.1 三个十六位二进制数相加运算 ……………………………………………… 23
2.1.2 乘法减法混合运算 …………………………………………………………… 24
2.1.3 查表求平方值 ………………………………………………………………… 25
2.2 循环程序实验 ……………………………………………………………………… 27
2.2.1 LOOP 语句的使用 ……………………………………………………………… 27
2.2.2 100 个 16 位无符号数的排序 ………………………………………………… 28
2.3 分支程序实验 ……………………………………………………………………… 29
2.3.1 CMP 语句的使用 ……………………………………………………………… 29
2.3.2 将数据区中以 Ubufer 为首地址的 100 个字节单元清零 ………………… 31
2.3.3 学生成绩统计 ………………………………………………………………… 32
2.4 子程序实验 ………………………………………………………………………… 33
2.4.1 16 位二进制数转换为 ASCII 码 ……………………………………………… 33
2.4.2 从一个字符串中删去一个字符 ……………………………………………… 35

第3章 Proteus 使用简介 ……………………………………………………………… 38

3.1 启动 Proteus ISIS ………………………………………………………………… 38

3.2　Proteus 工作界面 ･･ 38
3.3　Proteus 菜单命令简述 ･･ 39
3.4　Proteus 基本操作 ･･ 42
　3.4.1　预览窗口 ･･ 42
　3.4.2　对象选择器窗口 ･･ 42
　3.4.3　图形编辑的基本操作 ･･････････････････････････････････････ 42
　3.4.4　实例 ･･ 53

第4章　微机接口实验 ･･･ 60

4.1　简单 IO 口读写 ･･ 60
　4.1.1　74LS373 控制灯依次亮灭循环显示 ･････････････････････････ 62
　4.1.2　74LS373 控制灯循环点亮显示 ･････････････････････････････ 64
　4.1.3　74LS245、74LS373 控制灯显示 ････････････････････････････ 65
　4.1.4　74LS245、74LS373 控制灯闪烁显示 ････････････････････････ 66
4.2　8255A 可编程并行接口 ･･･････････････････････････････････････ 67
　4.2.1　8255A 输出显示 ･･･ 67
　4.2.2　8255A 控制 8 盏彩灯显示 ･････････････････････････････････ 68
　4.2.3　8255A 控制 8 盏彩灯依次亮灭循环显示 ･････････････････････ 70
　4.2.4　8255A 控制数据输入及输出 ･･･････････････････････････････ 71
　4.2.5　8255A 控制 24 盏彩灯(四色灯)循环显示 ････････････････････ 73
　4.2.6　交通灯 ･･ 76
4.3　8253A 可编程定时/计数器 ････････････････････････････････････ 79
　4.3.1　8253A 单通道定时/计数器 ････････････････････････････････ 79
　4.3.2　8253A 双通道定时/计数器 ････････････････････････････････ 81
　4.3.3　8253A 三通道定时/计数器 ････････････････････････････････ 83
4.4　8251A 可编程串行接口 ･･･････････････････････････････････････ 84
　4.4.1　8251A 可编程串行接口发送和接收 ･････････････････････････ 84
　4.4.2　8251A 及 RS232 接口发送和接收 ･･･････････････････････････ 87
4.5　8259A 可编程中断控制器 ･････････････････････････････････････ 89
4.6　ADC0808 模/数转换器 ･･ 91
　4.6.1　A/D 模数转换 7 段管显示 ･････････････････････････････････ 91
　4.6.2　可变电压 A/D 模数转换及显示 ････････････････････････････ 95
4.7　DAC0832 数/模转换器 ･･ 98
4.8　7 段管数字显示 ･･ 100
4.9　LED 光柱显示器 ･･･ 102
4.10　键盘及 7 段管显示 ･･ 104
4.11　步进电机 ･･･ 107

第5章 嵌入式C语言基础 ………………………………………………… 114

5.1 数据类型和变量 ………………………………………………… 114
5.2 表达式和语句 …………………………………………………… 119
5.3 结构与操作 ……………………………………………………… 136

第6章 ARM系列芯片实验 ………………………………………………… 155

6.1 ADS软件的安装与使用 ………………………………………… 155
6.1.1 ADS1.2集成开发环境的安装 ………………………… 155
6.1.2 使用ADS创建工程 …………………………………… 159
6.1.3 设置工程目标及参数 ………………………………… 164
6.1.4 编译生成.hex文件 …………………………………… 169
6.2 使用Proteus建立ARM仿真电路 ……………………………… 169
6.3 嵌入式C语言与ARM系列芯片实验 ………………………… 172
6.3.1 LPC芯片控制蜂鸣器及示波器 ……………………… 172
6.3.2 中断及开关控制实现加减计数 ……………………… 174
6.3.3 LED显示及加减计数 ………………………………… 177
6.3.4 LPC芯片控制32盏彩灯阵列的显示 ………………… 179

参考文献 ……………………………………………………………………… 184

第1章 汇编语言编译器的使用

1.1 emu8086编译器的使用

汇编语言编译器常用的有许多,如emu8086、MASM、TASM、MCS51等。其中,emu8086集源代码编辑器、汇编/反汇编工具以及可以运行DEBUG的模拟器(虚拟机器)于一身,优于一般的编译器。emu8086提供了一个虚拟的80x86环境,拥有自己一套独立的虚拟"硬件",可以完成一些纯软件编译器无法完成的功能,如LED显示、交通灯、步进电机等,而且动态调试(DEBUG)时非常方便。读者可以通过以下的实验,逐步熟悉emu8086的使用。

1.1.1 学习使用emu8086编译器

1. 实验要求

调试一小段程序,在屏幕上显示"hello world!"字符串。

2. 实验目的

(1) 熟悉汇编语言开发环境,掌握emu8086软件使用方法。

(2) 了解汇编语言的程序结构、调试一个简单的程序。

(3) 理解寻址方式的意义。

3. 实验步骤

(1) 双击桌面上的emu8086的图标,出现如图1-1所示的对话框,选择【新建】按钮。

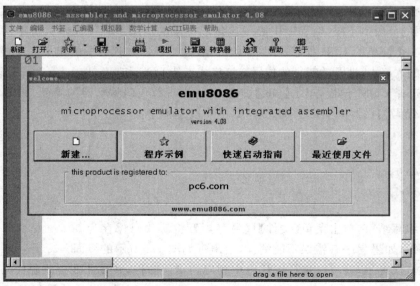

图1-1 emu8086启动

出现如图 1-2 所示的对话框,选择编程所采用的模板。

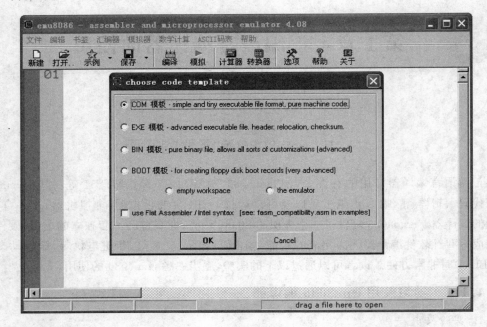

图 1-2　emu8086 模板选择

选择不同的模板,在程序源代码中会出现如下标记:♯MAKE_COM♯ 选择 COM 模板,♯MAKE_BIN♯ 选择 BIN 模板。♯MAKE_EXE♯ 选择 EXE 模板,♯MAKE_BOOT♯ 选择 BOOT 模板。

其中♯MAKE_COM♯ 和♯MAKE_EXE♯ 是最为常用的两种模板。♯MAKE_COM♯ 是最古老、最简单的可执行文件格式。采用♯MAKE_COM♯ 格式,源代码应该在 100H 后加载(即源代码之前应有 ORG 100H)。此格式从文件的第一个字节开始执行,支持 DOS 和 Windows 命令提示符。♯MAKE_EXE♯ 是一种更先进的可执行文件格式。源程序代码的规模不限,源代码的分段也不限,但程序中必须包含堆栈段的定义。可以选择从新建菜单中的 EXE 模板创建一个简单的 EXE 程序,有明确的数据段、堆栈段和代码段的定义。需要在源代码中定义程序的入口点(即开始执行的位置),该格式支持 DOS 和 Windows 命令提示符。

(2) 选择 COM 模板,单击【OK】按钮,软件出现源代码编辑器的界面,如图 1-3 所示。
在源代码编辑器的空白区域,编写如下一段小程序:

MOV AX,10

MOV BX,20

ADD AX,BX

SUB AX,1

HLT

代码编写结束,单击菜单【文件】|【另存为】,将源代码保存为 001.asm。单击工具栏的【模拟】按钮,如果程序有错误不能编译,会出现如图 1-4 所示的界面。

单击错误提示,就可以选择源代码中相应的错误的行,并在此处更改源代码。上例中的提示【cannot use segment register with an immediate value】,指出的错误是不能使用立即

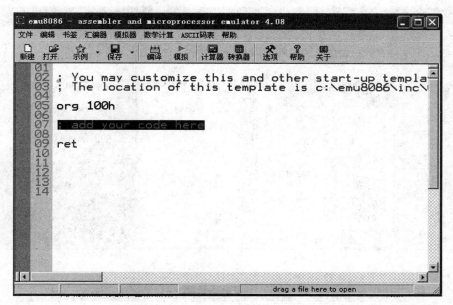

图 1-3　emu8086 模板 COM

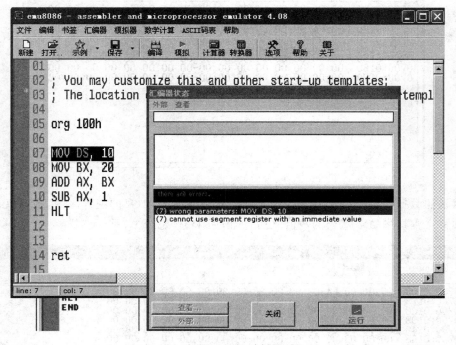

图 1-4　emu8086 编译出错

数给段寄存器赋值。如果源程序没有错误，则编译通过，会出现如图 1-5 所示的界面。

单击【单步运行】按钮，程序每执行一条指令就产生一次中断。单击【运行】按钮，程序将从第 1 条语句直接运行到最后 1 条语句。从界面的左侧可以观察到程序运行过程中，各个寄存器的值的变化。若想查看内存区域的值，可以选择菜单【查看】|【内存】，出现如图 1-6 所示的界面。

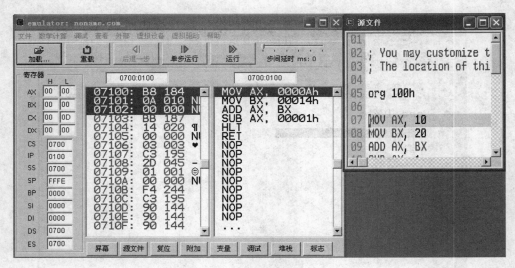

图 1-5　emu8086 编译通过

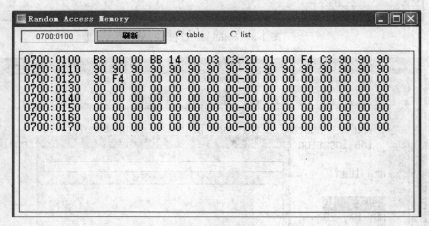

图 1-6　emu8086 查看内存 1

默认的数据段 DS=0700,若想查看数据段中偏移为 0108 的内存区域,则可以在图中的段和偏移文本框中填上适当的数值之后,单击回车键,如图 1-7 所示。

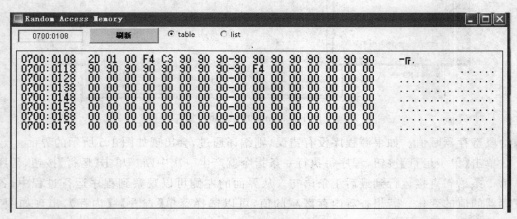

图 1-7　emu8086 查看内存 2

1.1.2 学习使用 EXE 模板

1. 实验要求

通过输入并编译一段程序了解 emu8086 编译器 EXE 模板的使用。

2. 实验目的

(1) 学习 emu8086 编译器 EXE 模板的使用。

(2) 掌握单步执行方法，并观察寄存器值的变化。

3. 实验步骤

(1) 打开 emu8086，选择新建，选择 EXE 模板，输入如下程序：

```
datas segment
    string1 db 'Hello World!',13,10,'$'
datas ends
codes segment
    assume cs:codes,ds:datas
start:
mov ax,datas ;
mov ds,ax
lea dx,string1
mov ax,09h ;
int 21h
mov ah,4ch ;
int 21h
code ends
end start
```

(2) 在 emu8086 中调试并运行该程序。单步执行该程序，记录下每执行一句话后相应寄存器内容的变化情况，并解释各个窗口界面的功能作用和意义。

(3) 该程序运行结果是什么？

1.2 MASM 编译器的使用

MASM 是微软生产的汇编语言编译器，非常容易使用，是汇编语言初学者很好的编译工具。读者可以通过以下内容的学习，逐步熟悉 MASM 编译器的使用。

1.2.1 基础知识

1. MASM 有多个版本，可从以下地址下载，详见表 1-1。

表 1-1 MASM 下载地址表

软件名称	运行平台	软件说明	下载地址
MASM V6.11	DOS	微软汇编工具	http://download.pchome.net/development/linetools/detail-10660.html

续表

软件名称	运行平台	软件说明	下载地址
MASM32 V6.0	Windows 98/2000/XP	微软 Win32 汇编工具	http://www.vckbase.com/tools/dev/masm32v6.zip
MASM32 V8.0	Windows 98/2000/XP	微软 Win32 汇编工具	http://www.lwp.ca/masm32/masm32v8.zip http://61.133.63.176/ddcrack/assembler/tools/masm32v8.zip

2. DOS 汇编与 Win32 汇编

通过 DOS 环境下汇编程序的编写,程序员可以管理系统的所有资源、访问和改动系统中所有的内存块、修改中断向量表、截获中断并对 I/O 端口进行读写。DOS 系统是个只有一个运行级别的单任务操作系统,任何进程和 DOS 操作系统都是同等级别的。DOS 系统中的各个进程互相影响,如果某个进程死机的话,整个系统都会垮掉。在 DOS 实模式环境下,程序员可以寻址 1 M 的内存,段的初始地址通过段寄存器来指定,每个段的大小为 64 K。超过 1 M 的内存部分,只能作为扩展内存(XMS)使用,扩展内存只能用作数据存放而无法在其中执行程序。

Win32 是指 32 位的 Windows 操作系统,Windows 进程有多种运行级别,操作系统工作在最高级——0 级,应用程序工作在第 3 级。在第 3 级中,进程不能直接访问 I/O 端口,也不能访问其他进程运行的内存,连向自己的运行代码写入数据都是非法的。只有对于最高级别的进程(0 级进程),系统才是全开放的。Windows 系统工作在保护模式下,所有的资源对进程来说都是被"保护"的。在内存管理方面,Windows 系统使用了处理器的分页机制。因为在保护模式下,段寄存器具有不同的含义,程序员不必再用一个段寄存器去指定段的地址。程序员可以通过指定一个 32 位的地址来寻址 4 GB 的内存。在程序结构方面,和 DOS 程序相比,Windows 程序也有很大的不同,它是"基于消息"的。

在上面列举的汇编工具中,有的是 DOS 汇编工具,有的是 Win32 汇编工具。一般可以先从 DOS 汇编入手,掌握汇编编程的思路、基本语法和编程技巧,待入门后再学习 Win32 汇编。学习 DOS 汇编不一定需要安装和使用 DOS 操作系统,可以在 Win32 环境中安装 MASM 6.0 或其他 16 位汇编工具,在命令提示符状态下编译和链接 DOS 汇编程序。DOS 汇编程序在 Win32 环境中运行时,操作系统会模拟 DOS 实模式运行 16 位进程。对于那些可能会影响整个操作系统工作的指令,Win32 操作系统会拒绝执行。

1.2.2 MASM 的安装

首先参照表 1-1 从网上下载 Masm60.zip(Masm V6.11),这是一个 ZIP 压缩文件。可以用 WINZIP 或 WINRAR 等压缩解压软件指定一个目录将其解压,目录名可为 F:\MASM60。运行"命令提示符",如图 1-8 所示,在解压目录中运行 Setup 程序,开始安装 MASM。

如图 1-9 所示,在主菜单界面选择 Install the Microsoft Macro Assembler,继续。

如图 1-10 所示,在系统设置界面选择 DOS/Windows & NT,继续。

如图 1-11 所示,选择安装 Windows 有关文件-Yes,继续。

如图 1-12 所示,选择安装 PWD(Programmer's WorkBench)-Yes,继续。

如图 1-13 所示,选择无须安装 Brief compatibility-No(常见编辑器兼容),继续。

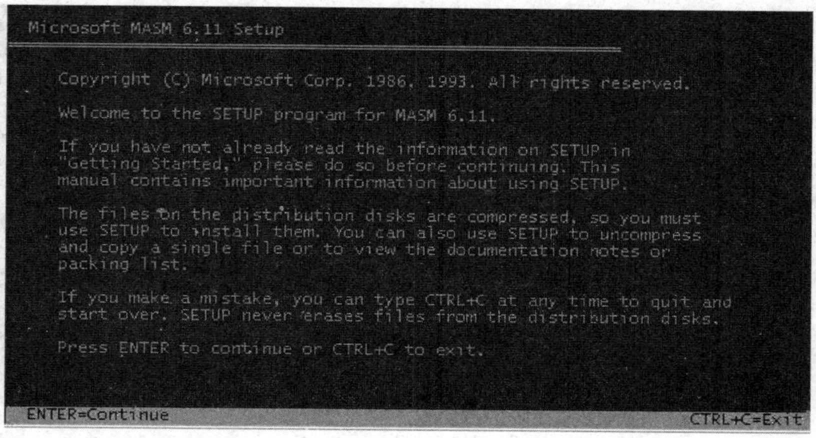

图 1-8　MASM 安装启动

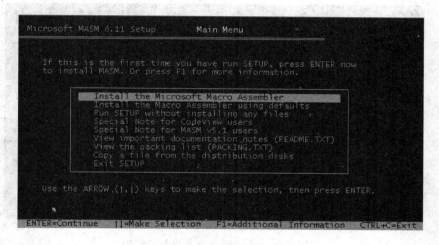

图 1-9　MASM 安装主菜单

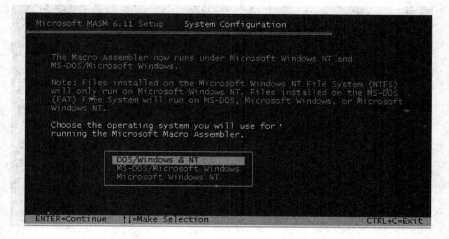

图 1-10　MASM 安装设置

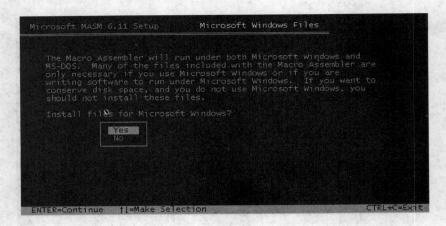

图 1-11　MASM 安装选择安装有关文件

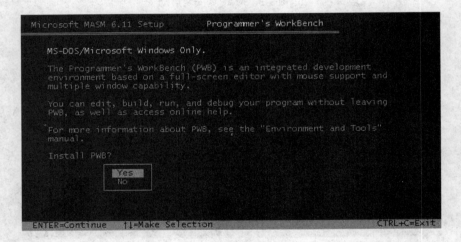

图 1-12　MASM 安装选择安装 PWD

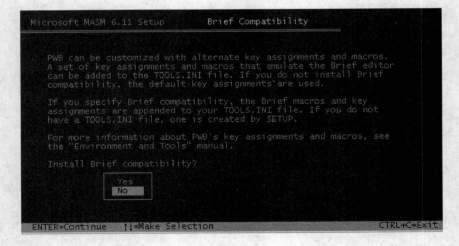

图 1-13　MASM 安装选择不安装兼容

如图 1-14 所示,选择复制微软鼠标驱动器(Microsoft Mouse driver)-Yes,继续。

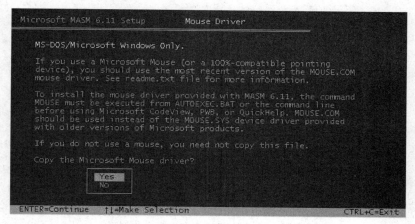

图 1-14　MASM 安装选择复制微软鼠标驱动器

如图 1-15 所示,选择安装 MASM 工具-Yes,继续。

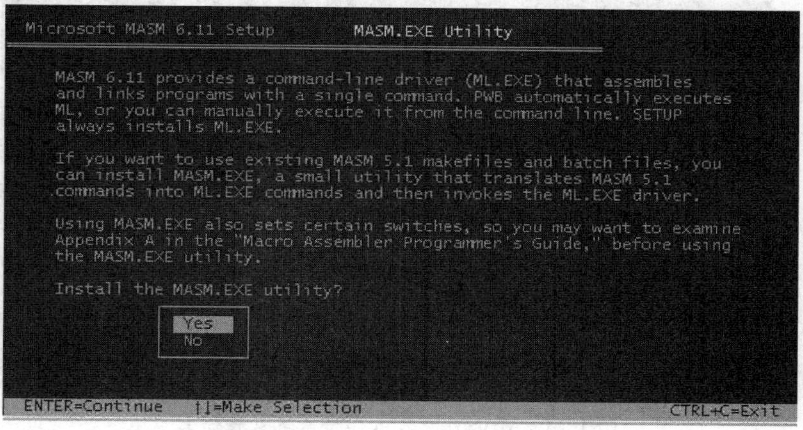

图 1-15　MASM 安装选择安装 MASM 工具

如图 1-16 所示,选择安装帮助文件-Yes,继续。

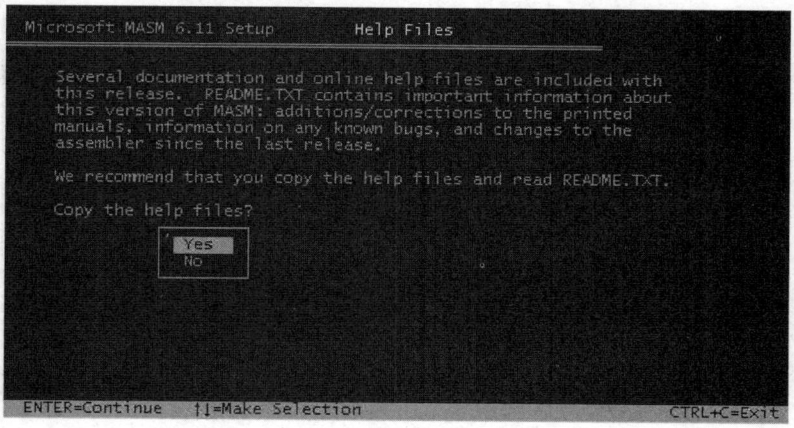

图 1-16　MASM 安装选择安装帮助文件

如图 1-17 所示,选择安装例程(sample program)-Yes,继续。

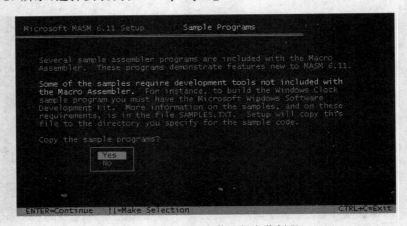

图 1-17　MASM 安装选择安装例程

如图 1-18 所示,选择系统的安装目录,例如将系统安装在 E 盘。

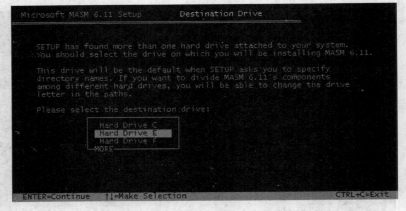

图 1-18　MASM 安装选择将系统安装在 E 盘

如图 1-19 所示,接下来是询问各部分程序的安装目录,一般情况下由系统自行决定即可。参数设置完毕后最后检查一次。

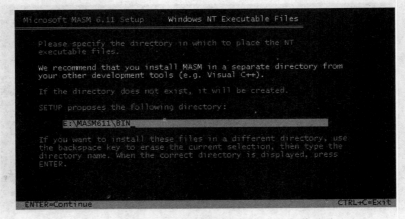

图 1-19　MASM 安装确定各部分程序的安装目录

如图 1-20 所示,检查如果无须改动,则选择 NO CHANGES 开始安装。

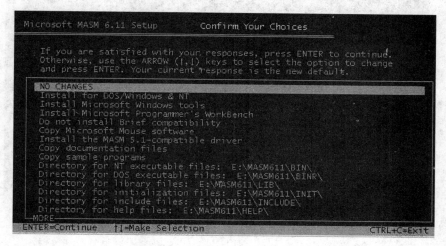

图 1-20　MASM 安装选择 NO CHANGES 开始安装

安装完毕后系统会提示如图 1-21 所示内容。如果需要了解 MASM 6.11 与 5.1 版本的区别,可以观看安装菜单中的 Special Note for MASM v5.1 users。

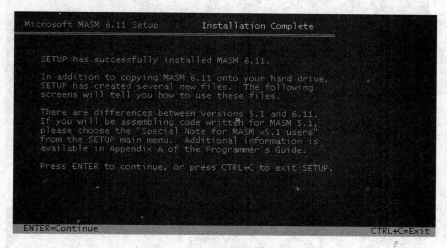

图 1-21　MASM 安装成功提示

如图 1-22 所示,可通过修改 autoexec.bat 和 config.sys 两个文件来设置 MASM 的 DOS 操作系统环境参数,MASM 提供了 NEW-VARS.BAT 和 NEW-CONF.SYS 两个文件作为参考。如果需要将 MASM 安装在 Windows 98/NT/2000/XP 操作系统环境下,可以参考文件 NEW-VARS.BAT 的内容进行设置。

如果需要将 MASM 6.11 安装在 Windows 3.0/3.1/3.11/3.2 操作系统中,要参考文件 NEW-SYS.INI 修改系统环境配置文件 SYSTEM.INI,如图 1-23 所示。如果需要将 MASM 6.11 安装在 32 位 Windows 系统中,就可以不看 NEW-SYS.INI 的内容。可参考 TOOL.PRE 文件,来完成 PWD(Programmer's WorkBench)的设置,如图 1-24 所示。

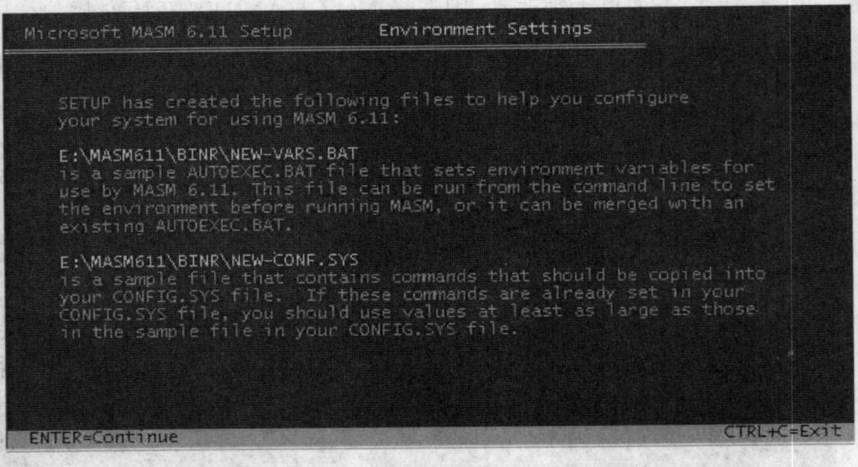

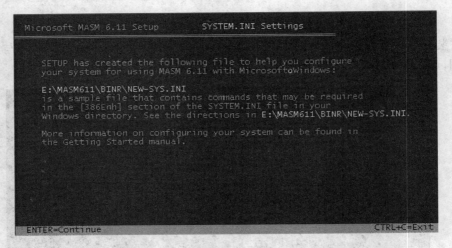

图 1-22　MASM 安装环境设置 bat 与 sys 文件

图 1-23　MASM 安装环境设置 ini 文件

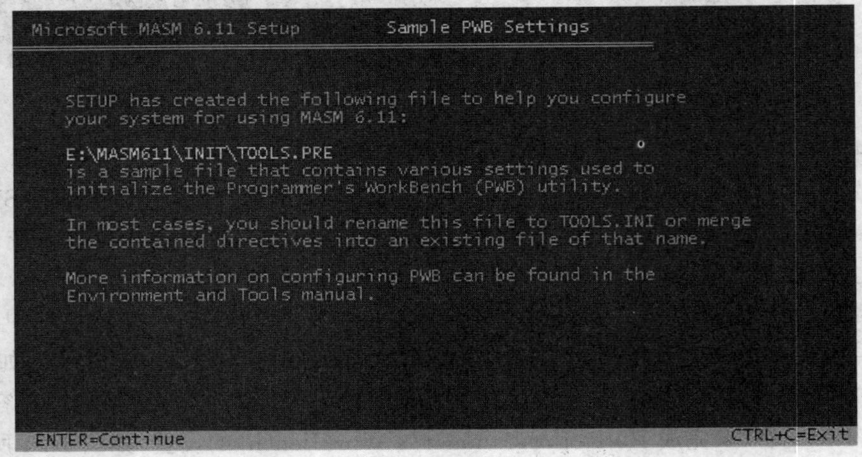

图 1-24　MASM 安装环境设置 pre 文件

当 MASM 工作在非 DOS 环境下时,不需要理会有关内存方面的设置,如图 1-25 所示。

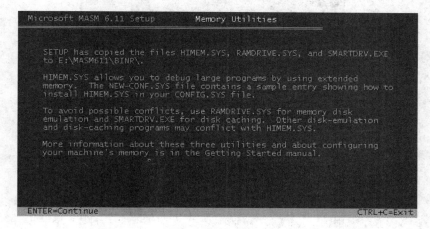

图 1-25　MASM 安装环境设置内存文件

在安装结束前应阅读 Special Note for CodeView users、Special Note for MASM v5.1 users、README.TXT 和 PACKING.TXT 的内容,然后再退出安装,如图 1-26 所示。

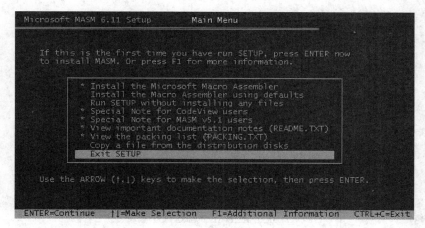

图 1-26　MASM 退出安装

1.2.3　Win32 操作系统中 MASM 的环境参数配置

安装完 MASM 后,需要配置一下 MASM 的环境参数。以 Windows 7 操作系统为例,步骤如下:在桌面上右击【我的电脑】图标,在弹出式菜单上选择【打开】项,在【系统属性】对话框里选择【高级系统设置】选项卡,如图 1-27 所示。

单击【环境变量】按钮,弹出【环境变量】对话框,如图 1-28 所示。

在【环境变量】对话框的系统变量列表中选择【Path】项,再单击系统变量列表下的【编辑】按钮,如图 1-29 所示。

在【编辑环境变量】对话框的【变量值】栏里添加 MASM 的 BIN、BINB、INCLUDE 目录的路径参数。例如:当 MASM 安装在 E:\MASM611 目录,则在【变量值】栏里添加";E:\MASM611\BINR; E:\MASM611\BIN"。

图 1-27 【系统特性】中【高级】选项卡

图 1-28 【环境变量】对话框

图 1-29 环境变量的 Path 项设定

除此之外,还需要增加以下环境变量:
LIB = E:\MASM611\LIB
INCLUDE = E:\MASM611\INCLUDE
INIT = E:\MASM611\INIT
HELPFILES = E:\MASM611\HELP*.HLP
ASMEX = E:\MASM611\SAMPLES

可通过单击【新建】按钮添加上述环境变量,上述环境变量配置完成后,环境变量的值如图 1-30 所示。

环境参数设置完成后,需要重新启动计算机才能生效。有的计算机使用了磁盘保护卡,一旦重新启动,所有安装的文件和设置的参数都将消失。在这种情况下,可以在 DOS 命令行模式中输入一些临时命令用来设置 MASM 的环境参数(假设 MASM 安装在 E:\MASM611 目录下)。

SET PATH = E:\MASM611\BINR;E:\MASM611\BIN;%PATH%
SET LIB = E:\MASM611\LIB
SET INCLUDE = E:\MASM611\INCLUDE
SET INIT = E:\MASM611\INIT
SET HELPFILES = E:\MASM611\HELP*.HLP
SET ASMEX = E:\MASM611\SAMPLES

图 1-30 MASM 的环境参数显示

1.2.4 MASM.EXE 的使用

MASM.EXE 用来将汇编源程序汇编成目标文件。配置好 MASM 汇编环境参数后,在【命令提示符】窗口中键入"MASM/H"指令,可显示出 MASM 的使用介绍。

MASM 的命令格式如下:
MASM [option...] source(.asm),[out(.obj)],[list(.lst)],[cref(.crf)][;]

MASM 的各种汇编参数是可选的。source(.asm)用来指定汇编源文件的名称,默认的扩展名是 ASM。out(.obj)用来指定输出的目标代码文件,默认的文件名与汇编源文件相同,扩展名改为 OBJ。list(.lst)用来指定输出的列表文件,默认的扩展名是 LST。在默认情况下,MASM 不生成列表文件。cref(.crf)用来指定输出的交叉参考文件,默认的扩展名是 CRF。在默认情况下,MASM 不生成交叉参考文件,交叉参考文件的后缀为 SBR。最后的分号用来表示其后的项目按默认情况处理。

表 1-2 就各个汇编参数一一加以说明。

表 1-2 MASM 汇编参数

参数名	作 用
/C	用来生成交叉参考文件
/D<sym>[=<val>]	用来定义一个符号 sym 并对其赋值 val
/E	用来模拟浮点运算指令和 IEEE 格式
/H	用来显示 MASM 的使用帮助
/HELP	用来显示 MASM 的使用帮助
/I<path>	用来寻找引入文件(INC)的目录
/L	用来生成列表文件
/La	用来生成全部列表文件
/ML	用来区分所有标识符号的大小写
/MU	用来将全局标识符号转换为大写
/MX	用来区分全局标识符号的大小写
/N	用来隐藏列表文件中的符号表
/T	用来隐藏成功汇编时的显示消息
/W[0/1/2]	用来设置告警等级(0:无;1:严重;2:劝告)
/X	用来列举错误条件
/Zi	用来生成 CodeView 的行号信息
/Zd	用来生成 CodeView 的标识符号信息

下面用一个汇编语言程序说明 MASM.EXE 的使用方法。汇编程序名称为 HELLO.ASM,内容如下:

```
data    segment
        mes db  "Hello,world.",0dh,0ah,"$"
data    ends
code    segment
        assume cs:code,ds:data
start:
        mov ax,data
        mov ds,ax
        mov dx,offset mes
        mov ah,09h
        int 21h
```

```
        mov ax,4c00h
        int 21h
code    ends
end start
```

输入"masm hello;"指令,指令后的分号表示其他参数按默认情况进行。运行后显示以下内容:

Microsoft (R) MASM Compatibility Driver
Copyright (C) Microsoft Corp 1993.   All rights reserved.
Invoking:ML. EXE/I. /Zm/c hello. asm
Microsoft (R) Macro Assembler Version 6.11
Copyright (C) Microsoft Corp 1981-1993.   All rights reserved.
Assembling:hello. asm

执行 MASM/LA/ZI/ZD HELLO. ASM 指令,用记事本编辑器观看生成的 HELLO. LST 的内容。

1.2.5 LINK. EXE 的使用

LINK. EXE 用来将目标文件链接成可执行文件。当配置好环境参数之后,在【命令提示符】窗口中键入"LINK/?"指令,可显示 LINK 的参数表。LINK 的命令格式如下:

LINK [option...] <objs>,<exefile>,<mapfile>,<libs>,<deffile>[;]

LINK 的各种链接参数是可选项。objs 用来指定目标文件的名称,默认的扩展名是 OBJ。LINK 可以有多个目标文件,目标文件之间用加号或者空格间隔。exefile 用来指定输出的可执行文件的名称,默认的文件名与目标文件相同,默认扩展名改为 EXE。mapfile 用来指定输出的列表文件的名称,默认的扩展名是 MAP,默认情况下不生成列表文件。libs 用来指定链接时使用的库文件,默认的扩展名是 LIB。库文件可以有多个,库文件之间用加号或者空格间隔,在默认情况下 MASM 不使用库文件。deffile 用来指定输出的定义文件的名称,默认的扩展名是 DEF,默认情况下不生成定义文件。最后的分号用来表示其后的项目按默认情况处理。表 1-3 就各个链接参数一一加以说明。

表 1-3 MASM Link 参数

参数名	缩写	作　用
/ALIGNMENT:size	/A:size	用来根据指定的大小在分段执行文件中排列段数据,不可用于 DOS 程序
/BATCH	/B	用来隐藏库或目标文件找不到的提示
/CODEVIEW	/CO	用来加入 CodeView 的标识符号及列号,该选项与/EXEPACK 不兼容
/CPARMAXALLOC:number	/CP:number	用来以 16 字节为单位设置程序最大分配空间
/DOSSEG	/DO	用来用默认顺序排列段(用于微软高级语言)

续表

参数名	缩写	作用
/DSALLOCATE	/DS	用来从数据段的尾部开始装入全部数据，用于链接成 EXE 文件
/EXEPACK	/E	用来压缩可执行文件的大小，与/CO 和/INCR 不兼容
/FARCALLTRANSLATION	/F	用来优化远程调用，当使用/TINY 时自动使用/FARCALL。当链接 WINDOWS 程序时不建议同时使用/FARCALL 和/FARCALLTRANSLATION
/HELP	/HE	用来显示简要帮助信息
/HIGH	/HI	用来执行时尽可能地装入高端内存区，和/DEALLOC 并用（用于微软高级语言）
/INCREMENTAL	/INC	用来准备加入 ILINK 链接，与/EXEPACK 和/TINY 不兼容
/INFORMATION	/INF	显示链接过程的信息
/LINENUMBERS	/LI	用来将源文件行号和相关地址加入 MAP 文件，目标文件必须带行号汇编
/MAP	/M	用来将公共标识符加到 MAP 文件
/NODEFAULTLIBRARYSEARCH[:library]	/NOD[:library]	用来忽略指定的缺省库
/NOEXTDICTIONARY	/NOE	用来阻止 LINK 寻找库中的扩展字典，当重定义标识符导致错误 L2044 时使用/NOE
/NOFARCALLTRANSLATION	/NOF	用来禁止远程调用
/NOIGNORECASE	/NOI	用来区别大小写字母
/NOLOGO	/NOL	用来隐藏版权信息
/NONULLSDOSSEG	/NON	用来类似于/DOSSEG 参数，但是在_TEXT 段前不加额外的字节
/NOPACKCODE	/NOP	用来对代码段不压缩
/PACKCODE:number	/PACKC:number	用来将相邻的代码段合并压缩，指定的字节数用于设定物理段的最大值
/PACKDATA:number	/PACKD:number	用来将相邻的数据段合并压缩，指定的字节数用于设定物理段的最大值。仅用于 Windows
/PAUSE	/PAU	用来链接过程中暂停以更换磁盘
/PMTYPE:type	/PM:type	用来指定基于 Windows 的应用程序的类型 类型为 PM 表示是 Windows API； 类型为 VIO 表示是 Windows Compat； 类型为 NOVIO 表示不是 Windows Compat

续表

参数名	缩写	作用
/QUICKLIBRARY	/Q	用来建立 Quick Basic 程序库
/SEGMENTS:number	/SE:number	用来设置链接时的段总数,缺省值为 127
/STACK:number	/ST:number	用来设置栈段的最大字节数,不超过 64 K
/TINY	/T	用来生成小模式的 COM 文件,与/INCR 不兼容
/?	/?	用来显示简要帮助信息

接下来将用 MASM. EXE 汇编出来的目标程序进行链接,目标程序名称为 HELLO. OBJ。输入"link hello;"指令,指令后的分号表示其他参数按默认情况进行。运行后显示以下内容：

Microsoft (R) Segmented Executable Linker   Version5. 31. 009 Jul 13 1992
Copyright (C) Microsoft Corp 1984-1992.   All rights reserved.
LINK :warning L4021:no stack segment

虽然链接警告没有定义栈段,但这并不影响程序的运行。接下来可以运行 HELLO. EXE,观察一下显示结果是不是"Hello,world."。

1.2.6 ML.EXE 的使用

ML. EXE 的功能相当于先运行 MASM. EXE 再运行 LINK. EXE,可以将汇编语言源程序汇编和链接后直接生成可执行文件。配置好环境参数之后,在【命令提示符】窗口中键入"ML/?"指令,可显示出 ML 的参数表。ML 的命令格式如下：ML [/options] filelist [/link linkoptions]。

ML 的各种链接参数是可选的,/link linkoptions 里设定的是链接参数(参照 link 的有关参数),filelist 指定的是汇编源文件的名称,默认的扩展名是 ASM。ML 可以有多个汇编源文件,文件之间要用空格间隔。表 1-4 就各个链接参数一一加以说明。

表 1-4 MASM ML 参数

参数名	作用
/AT Enable tiny model(. COM file)	用来允许小模式(生成 COM 文件)
/Bl<linker> Use alternate linker	用来使用 linker 参数里指定的链接器
/c Assemble without linking	用来仅仅汇编不链接
/Cp Preserve case of user identifiers	用来区分用户标识符的大小写
/Cu Map all identifiers to upper case	用来将所有标识符映射为大写
/Cx Preserve case in publics,externs	用来区分公共标识符和外部标识符的大小写
/D<name>[=text] Define text macro	用给定的名字定义文字宏
/EP Output preprocessed listing tostdout	用来生成预处理列表并输出至屏幕
/F <hex> Set stack size(bytes)	用来设置堆栈大小

续表

参数名	作　用
/Fb[file] Generate bound executable	用来生成限制性的可执行文件
/Fe＜file＞ Name executable	用来设置可执行文件的名称
/Fl[file] Generate listing	用来生成汇编代码列表文件
/Fm[file] Generate map	用来生成链接映象文件
/Fo＜file＞ Name object file	用来设置目标文件的名称
/FPi Generate 80x87 Emulator encoding	用来生成 80x87 模拟代码
/Fr[file] Generate limited browser info	用来生成源浏览文件（SBR）
/FR[file] Generate full browser info	用来生成扩展源浏览文件（SBR）
/G＜c|d＞ Generate Pascal or C calls	用来指定汇编生成的调用格式 C：pascal 类型 D：C 类型
/H＜number＞ Set max external name length	用来设置扩展名的最大长度
/I＜name＞ Add include path	用来添加 include 文件的目录
/link ＜linker options and libraries＞	用来链接选项和库
/nologo Suppress copyright message	用来取消版权信息
/Sa Maximize source listing	用来列表文件最大化
/Sf Generate first pass listing	用来生成第一遍的汇编代码列表
/Sl＜width＞ Set line width	用来设置列表文件行宽
/Sn Suppress symbol-table listing	用来隐藏列表文件中的符号表
/Sp＜length＞ Set page length	用来设置列表文件的页长度
/Ss＜string＞ Set subtitle	用来设置列表文件的子标题
/St＜string＞ Set title	用来设置列表文件的标题
/Sx List false conditionals	用来列表文件中列举错误条件
/Ta＜file＞ Assemble non-.ASM file	用来汇编非 ASM 后缀的文件
/VM Enable virtual memory	用来启动虚拟存储器
/w Same as/W0/WX	用来设置告警级别为 0
/WX Treat warnings as errors	用来传回告警的错误码
/W＜number＞ Set warning level	用来设置告警级别（1、2、3）
/X Ignore INCLUDE environment path	用来忽略 INCLUDE 环境路径
/Zd Add line number debug info	用来在目标文件中产生 CodeView 列号
/Zf Make all symbols public	用来在目标文件中产生 CodeView 所有公共标识符
/Zi Add symbolic debug info	用来在目标文件中产生 CodeView 标识符
/Zm Enable MASM 5.10 compatibility	用来与 MASM 5.10 兼容
/Zp[n] Set structure alignment	用来排列结构数据的起始地址为 $n(1、2、4)$ 的倍数
/Zs Perform syntax check only	用来只检查语法不产生目标文件

接下来使用 ML.EXE 对 ASM 文件进行汇编和链接,汇编文件的名称为 HELLO.ASM。在命令行下执行"ML hello.asm"指令,在无错状态下将生成可执行文件 HELLO.EXE,如下所示:

Microsoft (R) Macro Assembler Version 6.00
Copyright (C) Microsoft Corp 1981-1991.   All rights reserved.
Assembling:hello.asm
Microsoft (R) Segmented-Executable Linker   Version 5.13
Copyright (C) Microsoft Corp 1984-1991.   All rights reserved.
Object Modules [.OBJ]:hello.obj
Run File [temp.exe]:" hello.exe"
List File [NUL.MAP]:NUL
Libraries [.LIB]:
Definitions File [NUL.DEF]:;
LINK :warning L4021:no stack segment

接下来运行 HELLO.EXE,观察一下显示结果是不是"Hello,world."。

1.2.7 用 DEBUG 调试可执行文件

当使用 MASM 完成对汇编语言源文件 HELLO.ASM 的编译之后,用 DEBUG 可调试执行程序 HELLO.EXE。具体的步骤是:

(1) 在【命令提示符】窗口下,执行"DEBUG ＜文件所在路径＋文件名＞"指令。

(2) 在 DEBUG 状态下,执行"R"指令观看段寄存器 CS 和 DS 的值,在 EXE 文件中两值应该不同。

(3) 在 DEBUG 状态下,执行"U"指令观看 CS:IP 所指地址的反汇编代码。

(4) 在 DEBUG 状态下,程序刚开始时会设置 DS 段寄存器的值,将其指向 DATA 数据段。用跟踪指令"P"检查这两条指令的执行结果。

(5) 在 DEBUG 状态下,DS 段寄存器的值被修改后,执行指令"D DS:0",观看数据段的具体内容。

(6) 在 DEBUG 状态下,继续用指令 P 进行程序跟踪,检查各寄存器和标志位的修改内容以及程序的运行情况。

(7) 在 DEBUG 状态下,程序正常结束后,用"R IP"指令修改寄存器 IP 的值,将其设置为 0。

(8) 在 DEBUG 状态下,重复第(4)步到第(6)步的工作,改用指令 T 而不是指令 P 对程序进行跟踪,观看跟踪情况。

1.2.8 用 MASM 和 LINK 生成 COM 可执行文件

一个汇编语言程序如果有多个数据段、栈段,建议将其汇编和链接成 EXE 文件。如果汇编程序的代码和数据量比较小,可以将其汇编和链接成 COM 文件。一个 EXE 文件可以有多个段,每个段的最大空间为 64 KB。多段 EXE 程序在执行时需要对多个段进行管理,所以其结构比较复杂。一个 COM 文件只有一个段,执行代码和数据都处于这个段中,因此,COM 文件比 EXE 文件更加简洁。对 COM 文件唯一的约束就是可执行的程序的大小

不允许超过 64 KB。尝试编写如下的汇编程序,文件名为 HELLO2.ASM,内容如下:

```
code segment
      assume cs:code,ds:code
start:
      jmp next
mess   db   "Hello,world.",0dh,0ah,"$"
next:
      mov   ax,cs
      mov   ds,ax
      mov   dx,offset mess
      add   dx,100h
      mov   ah,09h
      int   21h
      mov   ax,4c00h
      int   21h
code   ends
end start
```

接下来,执行 MASM HELLO2.ASM;指令对源文件进行汇编。在命令行状态下,执行 LINK/TINY HELLO2;指令将目标文件链接成 COM 文件。当命令执行完毕后,将生成 HELLO2.COM 文件,执行 HELLO2 观察运行结果。比较一下 HELLO.EXE 和 HELLO2.COM 的大小,通过使用 DEBUG,调试可执行程序 HELLO2.COM,观察它的程序结构。

第 2 章 8086 汇编语言程序设计实验

计算机所能直接识别的语言是机器语言。机器语言的指令采用二进制"0""1"编码表示,机器语言执行速度快,但编写烦琐,易出错,在程序设计中很少使用。因机器语言能被计算机直接识别,无论用哪种语言编写的程序在执行时都必须转换为机器语言代码才能在计算机中运行。

汇编语言是一种采用助记符表示的程序设计语言。它的指令格式是用便于记忆的符号(如 MOV、ADD 分别表示对寄存器赋值和加法运算)代替机器语言指令中的"0""1"编码。与机器语言相比,汇编语言便于记忆和查找错误,汇编语言还具有如下的优点。

(1) 面向机器的低级语言,通常是为特定的计算机或系列计算机专门设计的。
(2) 保持了机器语言的优点,具有直接和简捷的特点。
(3) 可有效地访问、控制计算机的各种硬件设备,如磁盘、存储器、CPU、I/O 端口等。
(4) 目标代码简短,占用内存少,执行速度快,是高效的程序设计语言。

由于具有上述的优点,汇编语言经常与高级语言配合使用,应用十分广泛。因此学习使用汇编语言是十分重要的,而通过实验是学习汇编语言较好的途径之一。读者可通过下面的汇编语言实验从基础学起,逐步掌握汇编语言的编程。

2.1 顺序结构程序实验

2.1.1 三个十六位二进制数相加运算

1. 实验要求

利用 emu8086 汇编编译器,建立 4 位十六进制加法运算的例子。

2. 实验目的

(1) 熟悉 emu8086 编译器的使用。
(2) 掌握使用加法类运算指令编程及调试方法。
(3) 掌握加法类指令对状态标志位的影响。

3. 实验说明

本实验是三个十六位二制数相加运算即 N4＝N1＋N2＋N3。N4 为存放结果,其中 N1 为 2222H,N2 为 3333H,N3 为 4444H,所以结果应该为 9999H。

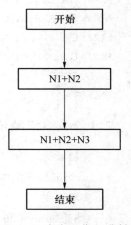

图 2-1 三个十六位二进制数
相加运算实验流程

4. 实验程序流程图

三个十六位二进制数相加运算实验流程图如图 2-1 所示。

5. 实验步骤

(1) emu8086 的使用

① 双击桌面上的 emu8086 的图标。

② 选择新建。

③ 选择 EXE 为编程所采用的模板。

(2) 按照框图编写程序

(3) 调试、验证

① 设置断点、单步运行程序，一步一步调试。

② 观察每一步运行时，各寄存器的数值变化。

③ 检查验证结果。

6. 实验参考程序

```
CODE SEGMENT
ASSUME CS:CODE,DS:DATA
STA:MOV AX,DATA
MOV DS,AX
MOV SI,OFFSET NUM1
MOV AX,0
ADD AX,[SI+0]
ADD AX,[SI+2]
ADD AX,[SI+4]
MOV [SI+6],AX
JMP $
CODE ENDS
DATA SEGMENT
NUM1 DW 2222H ;N1
NUM2 DW 3333H ;N2
NUM3 DW 4444H ;N3
NUM4 DW 0000H ;N4
DATA ENDS
END STA
```

2.1.2 乘法减法混合运算

1. 实验要求

利用 emu8086 汇编编译器，建立 S＝73H×55H－37H 的例子。

2. 实验目的

(1) 熟悉 emu8086 编译器的使用。

(2) 掌握使用乘法类运算指令编程及调试方法。

(3) 掌握乘法类指令对状态标志位的影响。

3．实验说明

本实验要求编写计算 S＝73H×55H－37H 的程序，式中的 3 个数均为无符号数。

4．实验程序流程图

计算 S＝73H×55H－37H 的实验流程图如图 2-2 所示。

5．实验步骤

(1) emu8086 的使用

① 双击桌面上的 emu8086 的图标。

② 选择新建。

③ 选择 EXE 为编程所采用的模板。

(2) 按照框图编写程序

(3) 调试、验证

① 设置断点、单步运行程序，一步一步调试。

② 观察每一步运行时，各寄存器的数值变化。

③ 检查验证结果。

6．实验参考程序

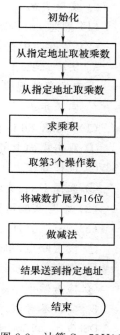

图 2-2 计算 S＝73H×55H－37H 实验流程

```
DATA        SEGMENT
NUM         DB  73H,55H,37H    ;定义源操作数
RESULT      DW  ?              ;定义结果存放单元
DATA        ENDS
;
CODE        SEGMENT
            ASSUME CS:CODE,DS:DATA
START:      MOV  AX,DATA
            MOV  DS,AX         ;初始化数据段寄存器
            LEA  SI,NUM        ;NUM 的偏移地址送 SI
            LEA  DI,RESULT     ;RESULT 偏移地址送 DI
            MOV  AL,[SI]       ;AL←73H
            MOV  BL,[SI+1]     ;BL←55H
            MUL  BL,           ;AX←73H * 55H
            MOV  BL,[SI+2]     ;BL← 37H
            MOV  BH,0          ;BH← 0
            SUB  AX,BX         ;AX← 73H * 55H－37H
            MOV  [DI],AX       ;结果 S 送 RESULT 单元
            MOV  AH,4CH        ;返回 DOS
            INT  21H
CODE        ENDS
            END  START
```

2.1.3 查表求平方值

1．实验要求

内存自 TABLE 开始的连续 16 个单元中存放着 1～16 的平方值（称为平方表），利用

emu8086 汇编编译器,通过查表求 DATA 中任意数 X(1≤X≤16)的平方值,并将结果放在 RESULT 中。

2．实验目的

(1) 熟悉 emu8086 编译器的使用。

(2) 掌握使用查表指令编程及调试方法。

3．实验说明

由表的存放规律可知,表的起始地址与数 X—1 的和就是 X 的平方值所在单元的地址。

4．实验步骤

(1) emu8086 的使用

① 双击桌面上的 emu8086 的图标。

② 选择新建。

③ 选择 EXE 为编程所采用的模板。

(2) 编写实验流程图及实验程序

(3) 调试、验证

① 设置断点、单步运行程序,一步一步调试。

② 观察每一步运行时,各寄存器的数值变化。

③ 检查验证结果。

5．实验参考程序

```
DSEG    SEGMENT
TABLE   DB   1,4,9,16,25,36,49,64,81,
             100,121,144,169,196,225,256    ;定义平方表
DATA    DB   ?
RESULT  DB   ?                              ;定义结果存放单元
DSEG    ENDS
;
SSEG    SEGMENT   STACK'STACK'
DB 100 DUP(?)                               ;定义堆栈空间
SSEG ENDS
;
CSEG    SEGMENT
        ASSUME  CS:CSEG,DS:DSEG,SS:SSEG
BEGIN:  MOV   AX,DSEG                       ;初始化数据段
        MOV   DS,AX
        MOV   AX,SSEG                       ;初始化堆栈段
        MOV   SS,AX
        LEA   BX,TABLE                      ;置数据指针
        MOV   AH,0
        MOV   AL,DATA                       ;取待查数
        DEC   AL                            ;减一
        ADD   BX,AX                         ;查表
        MOV   AL,[BX]
```

```
            MOV RESULT,AL          ;平方数存 RESULT 单元
            MOV AH,4CH
            INT 21H
DSEG    ENDS
            END BEGIN
```

2.2 循环程序实验

2.2.1 LOOP 语句的使用

1. 实验要求

利用 emu8086 汇编译器,要求通过 LOOP 语句对 AX 进行累加,从而建立循环程序的例子。

2. 实验目的

(1)熟悉 emu8086 编译器的使用。

(2)掌握使用 LOOP 判断转移指令实验循环的方法。

(3)掌握使用 LOOP 与 CX 的组合。

3. 实验说明

本实验先给 CX 赋一个值,再通过 LOOP 判断 CX-1 是否为 0,从而决定是否转移,实现程序的循环,循环的内容是执行 AX+1,AX 的最后大小为开始给 CX 的赋值。

4. 实验程序流程图

LOOP 语句的使用实验流程图如图 2-3 所示。

5. 实验步骤

(1) emu8086 的使用

① 双击桌面上的 emu8086 的图标。

② 选择新建。

③ 选择 EXE 为编程所采用的模板。

(2)按照框图编写程序

(3)调试、验证

① 设置断点、单步运行程序,一步一步调试。

② 观察每一步运行时,各寄存器的数值变化。

③ 检查验证结果。

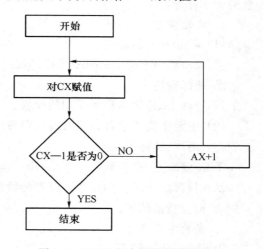

图 2-3　LOOP 语句的使用实验流程

6. 实验参考程序

```
CODE SEGMENT
    ASSUME CS:CODE
STA:
    MOV AX,0
    MOV CX,10
```

```
INC_AX:NOP
       INC AX
       LOOP INC_AX
       JMP $
CODE ENDS
END STA
```

2.2.2 100 个 16 位无符号数的排序

1. 实验要求

利用 emu8086 汇编编译器,把从 MEM 单元开始的 100 个 16 位无符号数按从大到小的顺序排列。

2. 实验目的

(1) 熟悉 emu8086 编译器的使用。

(2) 掌握使用 LOOP 判断转移指令实验循环的方法。

(3) 掌握使用 LOOP 与 CX 的组合。

3. 实验说明

(1) 这是一个排序问题,由于是无符号数的比较,可以直接用比较指令 CMP 和条件转移指令 JNC 来实现。

(2) 这是一个双重循环程序,先使第一个数与下一个数比较,若大于则使其位置保持不变,小于则将大数放低地址,小数放高地址(即两数交换位置)。

(3) 以上完成了一次排序工作,再通过第二重的 99 次循环,即可实现对 100 个无符号数的大小排序。

4. 实验步骤

(1) emu8086 的使用

① 双击桌面上的 emu8086 的图标。

② 选择新建。

③ 选择 EXE 为编程所采用的模板。

(2) 按照实验要求及说明编写实验程序流程图及实验程序

(3) 调试、验证

① 设置断点、单步运行程序,一步一步调试。

② 观察每一步运行时,各寄存器的数值变化。

③ 检查验证结果。

5. 实验参考程序

```
DSEG    SEGMENT
MEM     DW 100 DUP(?)            ;假定要排序的数已存入这 100 个字单元中
DSEG    ENDS
        ;
CSEG    SEGMENT
        ASSUME  CS:CSEG,DS:DSEG
   START:MOV   AX,DSEG
        MOV    DS,AX
```

```
            LEA   DI,MEN        ;DI指向待排序数的首址
            MOV   BL,99         ;外循环只需99次即可

    ;外循环体从这里开始
    NEXT1:  MOV   SI,DI         ;SI指向当前要比较的数
            MOV   CL,BL         ;CL为内循环计数器

    ;以下为内循环
    NEXT2:  MOV   AX,[SI]       ;取第一个数 Ni
            ADD   SI,2          ;指向下一个数 Nj
            CMP   AX,[SI]       ;Ni>=Nj?
            JNC   NEXT3         ;若大于,则不交换
            MOV   DX,[SI]       ;否则,交换 Ni 和 Nj
            MOV   [SI-2],DX
            MOV   [SI],AX
    NEXT3:  DEC   CL            ;内循环结束?
            JNZ   NEXT2         ;若未结束,则继续
    ;内循环到此结束

            DEC   BL            ;外循环结束?
            JNZ NEXT1           ;若未结束,则继续
    ;外循环体结束

            MOV   AH,4CH        ;返回DOS
            INT   21H
    CSEG ENDS
         END   START
```

2.3 分支程序实验

2.3.1 CMP 语句的使用

1. 实验要求

利用 emu8086 汇编编译器,建立通过使用 CMP 指令比较两个变量的大小,实现条件转移的例子。

2. 实验目的

(1) 熟悉 emu8086 编译器的使用。
(2) 掌握使用转移类指令编程及调试方法。
(3) 掌握各种标志位的影响。

3. 实验说明

本实验要求通过比较两个变量 VAR_A 和 VAR_B 的大小,使用 CMP 指令实现对于

大于、等于和小于条件的转移。

4. 实验程序流程图

CMP 语句的使用实验流程图如图 2-4 所示。

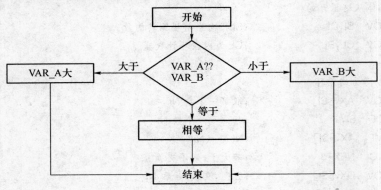

图 2-4　CMP 语句的使用实验流程

5. 实验步骤

(1) emu8086 的使用

① 双击桌面上的 emu8086 的图标。

② 选择新建。

③ 选择 EXE 为编程所采用的模板。

(2) 按照框图编写程序

(3) 调试、验证

① 设置断点、单步运行程序，一步一步调试。

② 观察每一步运行时，各寄存器的数值变化。

③ 检查验证结果。

6. 实验参考程序

```
CODE SEGMENT
ASSUME CS:CODE
VAR_A EQU 30
VAR_B EQU 15
STA:
MOV AX,VAR_A
MOV BX,VAR_B
CMP AX,BX
JNC BG ;AX > BX 跳转
JE EQUA ;AX = BX 跳转
JC LES ;AX < BX 跳转
BG:JMP $
EQUA:JMP $
LES:JMP $
CODE ENDS
END STA
```

2.3.2 将数据区中以 Ubufer 为首地址的 100 个字节单元清零

1. 实验要求

利用 emu8086 汇编编译器,建立将数据区中以 Ubufer 为首地址的 100 个字节单元清零的例子。

2. 实验目的

(1)熟悉 emu8086 编译器的使用。
(2)掌握分支程序编程及调试方法。

3. 实验说明

这是一个有两个分支的分支程序,将 00H 送到 Ubufer 起始的每个单元。每送一个字节判断一下计数值是否到 100,若不等于 100 则继续送,否则就结束,退出该程序段。

4. 实验步骤

(1) emu8086 的使用
① 双击桌面上的 emu8086 的图标。
② 选择新建。
③ 选择 EXE 为编程所采用的模板。
(2) 按照实验要求及说明编写实验程序流程图及实验程序
(3) 调试、验证
① 设置断点、单步运行程序,一步一步调试。
② 观察每一步运行时,各寄存器的数值变化。
③ 检查验证结果。

5. 实验参考程序

```
DATA    SEGMENT
Ubufer  DB 100 DUP(?)
COUNT   DW 100                      ;定义地址区长度
DATA    ENDS
;
STACK   SEGMENT
        DW 32 DUP(?)
STACK   ENDS
;
CODE    SEGMENT
        ASSUME CS:CODE,DS:DATA,SS:STACK
START:  MOV  AX,DATA
        MOV  DS,AX                  ;初始化数据段
        MOV  AX,STACK
        MOV  SS,AX                  ;初始化堆栈段
        MOV  CX,COUNT
        LEA  BX,Ubufer
        ADD  CX,BX
AGAIN:  MOV  BYTE PTR[BX],0         ;实现100个单元清零
```

```
            INC BX
            CMP BX,CX
            JB   AGAIN
            MOV AH,4CH
            INT 21H
CODE        ENDS
            END  START
```

2.3.3 学生成绩统计

1. 实验要求

在当前数据段中 DATA1 开始的顺序 100 个单元中,存放着 100 位同学某门功课的考试成绩(0～100)。编写程序统计≥90 分、80～89 分、70～79 分、60～69 分以及<60 分的人数,并将结果放到同一数据段的 DATA2 开始的 5 个单元中。

2. 实验目的

(1) 熟悉 emu8086 编译器的使用。

(2) 掌握分支程序编程及调试方法。

3. 实验说明

(1) 这是一个具有多个分支的分支程序。需要将每一位学生的成绩依次与 90、80、70、60 进行比较,因是无符号数,所以用 CF 标志作为分支条件,相应指令为 JC。

(2) 由于对每一位学生的成绩都要进行判断,所以需要用循环来处理,每次循环处理一个学生的成绩。

(3) 因为无论成绩还是学生人数都不超过一个字节所能表示的数的范围,故所有定义的变量均为字节类型。

(4) 统计结果可用一个数组存放,元素 0 存放 90 分(含)以上的人数,元素 1 存放 80～89 分的人数,元素 2 存放 70～79 分的人数,元素 3 存放 60～69 分的人数,元素 4 存放 60 分以下的人数。

4. 实验步骤

(1) emu8086 的使用

① 双击桌面上的 emu8086 的图标。

② 选择新建。

③ 选择 EXE 为编程所采用的模板。

(2) 按照实验要求及说明编写实验程序流程图和实验程序

(3) 调试、验证

① 设置断点、单步运行程序,一步一步调试。

② 观察每一步运行时,各寄存器的数值变化。

③ 检查验证结果。

5. 实验参考程序

```
DATA   SEGMENT
DATA1  DB   100  DUP(?)      ;假定学生成绩已放入这 100 个单元中
DATA2  DB   5    DUP(0)      ;统计结果:≥90、80～89、70～79、60～69、<60
```

```
DATA    ENDS
;
CODE    SEGMENT
        ASSUME CS:CODE,DS:DATA
START:  MOV     AX,DATA
        MOV     DS,AX
        MOV     CX,100              ;统计人数送 CX
        LEA     SI,DATA1            ;SI 指向学生成绩
        LEA     DI,DATA2            ;DI 指向统计结果
AGAIN:  MOV     AL,[SI]             ;取一个学生的成绩
        CMP     AL,90               ;大于 90 分吗？
        JC      NEXT1               ;若不大于,继续判断
        INC     BYTE PTR[DI]        ;否则 90 分以上的人数加 1
        JMP     STO                 ;转循环控制处理
NEXT1:  CMP     AL,80               ;大于 80 分吗？
        JC      NEXT2               ;若不大于,继续判断
        INC     BYTE PTR[DI+1]      ;否则 80 分以上的人数加 1
        JMP     STO                 ;转循环控制处理
NEXT2:  CMP     AL,70               ;大于 70 分吗？
        JC      NEXT3               ;若不大于,继续判断
        INC     BYTE PTR[DI+2]      ;否则 70 分以上的人数加 1
        JMP     STO                 ;转循环控制处理
NEXT3:  CMP     AL,60               ;大于 60 分吗？
        JC      NEXT4               ;若不大于,继续判断
        INC     BYTE PTR[DI+3]      ;否则 60 分以上的人数加 1
        JMP     STO                 ;转循环控制处理
NEXT4:  INC     BYTE PTR[DI+4]      ;60 分以下的人数加 1
STO:    INC     SI                  ;指向下一个学生成绩
        LOOP    AGAIN               ;循环,直到所有成绩都统计完
        MOV     AH,4CH              ;返回 DOS
        INT     21H
CODE    ENDS
        END     START
```

2.4 子程序实验

2.4.1 16 位二进制数转换为 ASCII 码

1. 实验要求

利用 emu8086 汇编编译器,建立调用子程序的例子。

2. 实验目的

(1) 熟悉 emu8086 编译器的使用。

(2) 掌握使用子程序类指令编程及调试方法。

(3) 掌握各种标志位的影响。

3. 实验说明

编写 8086 汇编程序,将一个 16 位二进制数转换成用 ASCII 表示的十进制数。

4. 实验程序流程图

16 位二进制数转换为 ASCII 码主程序流程图如图 2-5 所示,子程序流程图如图 2-6 所示。

主程序: 　　　　　　　　　　　　子程序:

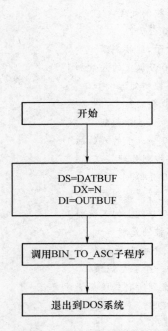
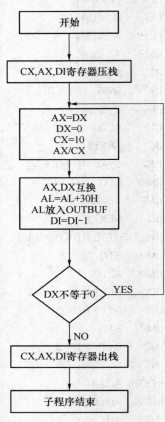

图 2-5　16 位二进制数转换为　　图 2-6　16 位二进制数转换为
　　　ASCII 码主程序流程　　　　　　　　ASCII 码子程序流程

5. 实验步骤

(1) emu8086 的使用

① 双击桌面上的 emu8086 的图标。

② 选择新建。

③ 选择 EXE 为编程所采用的模板。

(2) 按照框图编写程序

(3) 调试、验证

① 设置断点、单步运行程序,一步一步调试。

② 观察每一步运行时,各寄存器的数值变化。

③ 检查验证结果。

6．实验参考程序

```
DATBUF SEGMENT
    OUTBUF DB 5 DUP(30H)
    N EQU 6789
DATBUF ENDS
CONVERT SEGMENT
MAIN PROC FAR
    ASSUME CS:CONVERT,DS:DATBUF
STA:MOV AX,DATBUF
MOV DS,AX
MOV DX,N
MOV DI,OFFSET OUTBUF
CALL BIN_TO_ASC
MOV AX,4C00H
INT 21H
MAIN ENDP

BIN_TO_ASC PROC NEAR
PUSH CX
PUSH AX
PUSH DI
BINTOA:MOV AX,DX
MOV DX,0
MOV CX,10
DIV CX
XCHG AX,DX
ADD AL,30H
MOV [DI],AL
DEC DI
CMP DX,0
JNZ BINTOA
POP DI
POP AX
POP CX
RET
BIN_TO_ASC ENDP
CONVERT ENDS
END STA
```

2.4.2 从一个字符串中删去一个字符

1．实验要求

利用 emu8086 汇编编译器，编程实现从一个字符串中删去一个字符的例子。

2. 实验目的
(1) 熟悉 emu8086 编译器的使用。
(2) 掌握使用子程序类指令编程及调试方法。
(3) 掌握各种标志位的影响。

3. 实验说明
可以利用堆栈的方式来实现参数的传递,即在调用程序中将参数或参数地址保存在堆栈中,在子程序里再从堆栈中取出,从而实现参数的传送。

4. 实验步骤
(1) emu8086 的使用
① 双击桌面上的 emu8086 的图标。
② 选择新建。
③ 选择 EXE 为编程所采用的模板。
(2) 按照实验要求及说明编写实验程序流程图和实验程序
(3) 调试、验证
① 设置断点、单步运行程序,一步一步调试。
② 观察每一步运行时,各寄存器的数值变化。
③ 检查验证结果。

5. 实验参考程序

```
DATA        SEGMENT
STRING      DB 'Hello world'
LENGTH      DW   $—STRING           ;取字符串的长度
KEYCHAR     DB 'e'                  ;要从字符串中删去的字符
DATA        ENDS
;
CODE        SEGMENT
            ASSUME   CS:CODE,DS:DATA,ES:DATA
MAIN        PROC FAR
START:      MOV    AX,DATA
            MOV    DS,AX
            MOV    ES,AX
            LEA    BX,STRING
            LEA    CX,LENGTH
            PUSH   BX
            PUSH   CX                ;将 STRING 和 LENG 的地址压栈
            MOV    AL,KEYCHAR
            CALL   DELCHAR           ;调用删除一个字符的子程序
            MOV    AH,4CH
            INT    21H
MAIN        ENDP
DELCHAR     PROC
            PUSH   BP                ;保存 BP 内容
```

```
            MOV     BP,SP               ;将BP指向当前栈顶
            PUSH    SI
            PUSH    DI
            CLD
            MOV     SI,[BP+4]           ;得到 LENG 地址
            MOV     CX,[SI]             ;取串长度
            MOV     DI,[BP+6]           ;得到 STRING 地址
            REPNE   SCASB               ;查找待删除的字符
            JNE     DONE                ;若没有找到则退出
            MOV     SI,[BP+4]
            DEC     WORD PTR[SI]        ;串长度减1
            MOV     SI,DI
            DEC     DI
            REP     MOVSB               ;被删除字符后的字符依次向前移位
DONE:       POP     DI                  ;恢复寄存器内容
            POP     SI
            POP     BP
            RET                         ;返回
DELCHAR     ENDP
    CODE    ENDS
            END     START
```

第 3 章　Proteus 使用简介

Proteus 是英国 Labcenter 公司开发的电路分析与实物仿真软件。Proteus 运行于 Windows 操作系统上,实现了单片机仿真及 SPICE 电路仿真,支持各种虚拟仪器并具有强大的原理图绘制功能。Proteus 从 7.5 版开始增加了对 8086CPU 的仿真,从而为"微机原理与接口技术"课程提供了较为理想的虚拟实验教学平台。下面以 Proteus 7.5 为例,介绍 Proteus 软件的工作环境和基本操作。

3.1　启动 Proteus ISIS

双击 Windows 桌面上的 ISIS 7 Professional 图标或者单击左下方的【开始】|【程序】|【Proteus 7 Professional】|【ISIS 7 Professional】,出现如图 3-1 所示的界面,表明成功启动了 Proteus ISIS 7.5 集成环境。

图 3-1　启动时的屏幕

3.2　Proteus 工作界面

Proteus ISIS 的工作界面遵从 Windows 标准的图形界面,如图 3-2 所示。Proteus ISIS 的工作界面包括:标题栏、主菜单、标准工具栏、绘图工具栏、状态栏、对象选择按钮、预览对象方位控制按钮、仿真进程控制按钮、预览窗口、对象选择器窗口、图形编辑窗口。

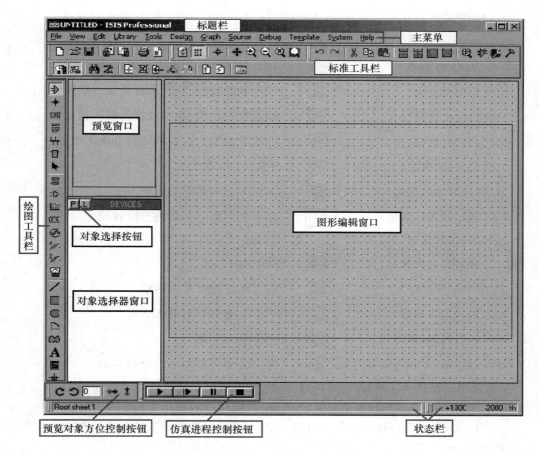

图 3-2 Proteus ISIS 的工作界面

3.3 Proteus 菜单命令简述

下面分别列出 Proteus ISIS 界面的主窗口和四个输出窗口的全部菜单项。对于主窗口,在菜单项旁边,还列出了工具条中对应的快捷按钮。

1. 主窗口菜单

1) File(文件)

(1) New(新建)　　　　　　　　　　新建一个电路文件

(2) Open(打开)　　　　　　　　　　打开一个已有电路文件

(3) Save(保存)　　　　　　　　　　将电路图和全部参数保存在打开的电路文件中

(4) Save As(另存为)　　　　　　　　将电路图和全部参数另存在一个电路文件中

(5) Print(打印)　　　　　　　　　　打印当前窗口显示的电路图

(6) Page Setup(页面设置)　　　　　设置打印页面

(7) Exit(退出)　　　　　　　　　　退出 Proteus ISIS

2) Edit(编辑)

(1) Rotate(旋转)　　　　　　　旋转一个欲添加或选中的元件

(2) Mirror(镜像)　　　　　　　对一个欲添加或选中的元件镜像

(3) Cut(剪切)　　　　　　　　将选中的元件、连线或块剪切入裁剪板

(4) Copy(复制)　　　　　　　将选中的元件、连线或块复制入裁剪板

(5) Paste(粘贴)　　　　　　　将裁剪板中的内容粘贴到电路图中

(6) Delete(删除)　　　　　　　删除元件,连线或块

(7) Undelete(恢复)　　　　　　恢复上一次删除的内容

(8) Select All(全选)　　　　　选中电路图中全部的连线和元件

3) View(查看)

(1) Redraw(重画)　　　　　　重画电路

(2) Zoom In(放大)　　　　　　放大电路到原来的两倍

(3) Zoom Out(缩小)　　　　　缩小电路到原来的 1/2

(4) Full Screen(全屏)　　　　 全屏显示电路

(5) Default View(缺省)　　　　恢复最初状态大小的电路显示

(6) Simulation Message(仿真信息)　显示/隐藏分析进度信息显示窗口

(7) Common Toolbar(常用工具栏)　显示/隐藏一般常用工具条

(8) Operating Toolbar(操作工具栏)　显示/隐藏电路操作工具条

(9) Element Palette(元件栏)　　显示/隐藏电路元件工具箱

(10) Status Bar(状态信息条)　　显示/隐藏状态信息条

4) Place(放置)

(1) Wire(连线)　　　　　　　　添加连线

(2) Element(元件)　　　　　　 添加元件

① Lumped(集总元件)　　　　　添加各个集总参数元件

② Microstrip(微带元件)　　　　添加各个微带元件

③ S Parameter(S 参数元件)　　添加各个 S 参数元件

④ Device(有源器件)　　　　　添加各个三极管、FET 等元件

(3) Done(结束)　　　　　　　 结束添加连线、元件

5) Parameters(参数)

(1) Unit(单位)　　　　　　　　打开单位定义窗口

(2) Variable(变量)　　　　　　打开变量定义窗口

(3) Substrate(基片)　　　　　　打开基片参数定义窗口

(4) Frequency(频率)　　　　　打开频率分析范围定义窗口

(5) Output(输出)　　　　　　　打开输出变量定义窗口

(6) Opt/Yield Goal(优化/成品率目标)　　打开优化/成品率目标定义窗口

(7) Misc(杂项)　　打开其他参数定义窗口

6) Simulate(仿真)

(1) Analysis(分析)　　执行电路分析

(2) Optimization(优化)　　执行电路优化

(3) Yield Analysis(成品率分析)　　执行成品率分析

(4) Yield Optimization(成品率优化)　　执行成品率优化

(5) Update Variables(更新参数)　　更新优化变量值

(6) Stop(终止仿真)　　强行终止仿真

7) Result(结果)

(1) Table(表格)　　打开一个表格输出窗口

(2) Grid(直角坐标)　　打开一个直角坐标输出窗口

(3) Smith(圆图)　　打开一个 Smith 圆图输出窗口

(4) Histogram(直方图)　　打开一个直方图输出窗口

(5) Close All Charts(关闭所有结果显示)　　关闭全部输出窗口

(6) Load Result(调出已存结果)　　调出并显示输出文件

(7) Save Result(保存仿真结果)　　将仿真结果保存到输出文件

8) Tools(工具)

(1) Input File Viewer(查看输入文件)　　启动文本显示程序显示仿真输入文件

(2) Output File Viewer(查看输出文件)　　启动文本显示程序显示仿真输出文件

(3) Options(选项)　　更改设置

9) Help(帮助)

(1) Content(内容)　　查看帮助内容

(2) Elements(元件)　　查看元件帮助

(3) About(关于)　　查看软件版本信息

2. 表格输出窗口(Table)菜单

1) File(文件)

(1) Print(打印)　　打印数据表

(2) Exit(退出)　　关闭窗口

2) Option(选项)

Variable(变量)　　选择输出变量

3. 方格输出窗口(Grid)菜单

1) File(文件)

(1) Print(打印)　　打印曲线

(2) Page setup(页面设置)　　打印页面

(3) Exit(退出)　　关闭窗口

2) Option(选项)
(1) Variable(变量) 　　　　　　　　选择输出变量
(2) Coord(坐标) 　　　　　　　　　设置坐标
4. Smith 圆图输出窗口(Smith)菜单
1) File(文件)
(1) Print(打印) 　　　　　　　　　打印曲线
(2) Page setup(页面设置) 　　　　打印页面设置
(3) Exit(退出)关闭窗口
2) Option(选项)
Variable(变量) 　　　　　　　　　选择输出变量
5. 直方图输出窗口(Histogram)菜单
1) File(文件)
(1) Print(打印) 　　　　　　　　　打印直方图
(2) Page setup(页面设置) 　　　　打印页面设置
(3) Exit(退出) 　　　　　　　　　关闭窗口
2) Option(选项)
Variable(变量) 　　　　　　　　　选择输出变量

3.4　Proteus 基本操作

3.4.1　预览窗口

预览窗口位置如图 3-2 左上角所示。设计者可通过该窗口显示整个电路图的缩略图。如果在预览窗口上单击鼠标，将会有一个矩形蓝绿框标示出在编辑窗口中显示的区域。在一般情况下，预览窗口显示将要放置对象的预览。

3.4.2　对象选择器窗口

对象选择器窗口位置如图 3-2 左下角所示。设计者可通过对象选择按钮，从元件库中选择对象，并置入对象选择器窗口，供今后绘图时使用。对象选择器窗口显示对象的类型包括：设备、终端、管脚、图形符号、标注和图形。

3.4.3　图形编辑的基本操作

1. 对象放置(Object Placement)

放置对象的步骤如下：

(1) 设计者根据对象的类别在工具箱选择相应模式的图标。

(2) 设计者根据对象的具体类型选择子模式图标。

(3) 如果对象类型是元件、端点、管脚、图形、符号或标记，设计者应从选择器里选择想要的对象的名字。对于元件、端点、管脚和符号，设计者可能首先需要从库中调出。

(4) 如果对象是有方向的，将会在预览窗口显示出来，设计者可以通过预览对象方位按钮对对象进行调整。

(5) 设计者指向编辑窗口并点击鼠标左键放置对象。

2. 选中对象(Tagging an Object)

设计者用鼠标指向对象并右击可以选中该对象。该操作选中对象并使其高亮显示，设计者然后可以进行编辑。设计者选中对象时该对象上的所有连线同时被选中。要选中一组对象，设计者可以通过依次在每个对象右击选中每个对象的方式，也可以通过右键拖出一个选择框的方式，但只有完全位于选择框内的对象才可以被选中。设计者在空白处右击鼠标可以取消所有对象的选择。

3. 删除对象(Deleting an Object)

设计者用鼠标指向选中的对象并右击可以删除该对象，同时删除该对象的所有连线。

4. 拖动对象(Dragging an Object)

设计者用鼠标指向选中的对象并按下左键可以拖动该对象。该方式不仅对整个对象有效，而且对对象中单独的标签也有效。设计者如果使用 Wire Auto Router 功能，被拖动对象上所有的连线将会重新排布。设计者如果误拖动一个对象，可以使用 Undo 命令撤销操作并恢复原来的状态。

5. 拖动对象标签(Dragging an Object Label)

各种类型的对象都至少有一个或多个属性标签。例如，每个元件都有一个"reference"标签和一个"value"标签。设计者可以通过移动这些标签使绘制的电路图看起来更美观。移动标签的步骤如下。

(1) 设计者右击选中对象。

(2) 设计者用鼠标指向标签，单击。

(3) 设计者拖动标签到需要的位置。设计者如果想要定位得更精确的话，可以通过使用 F4、F3、F2、CTRL＋F1 键在拖动时改变捕捉的精度。

(4) 设计者释放鼠标。

6. 调整对象大小(Resizing an Object)

设计者可以调整子电路、图表、线、框和圆的大小。当设计者选中这些对象时，对象周围会出现黑色小方块叫作"手柄"，设计者可以通过拖动这些"手柄"来调整对象的大小。调整对象大小的步骤如下。

(1) 设计者选中对象。

(2) 如果这个对象可以调整大小，对象周围会出现黑色小方块，叫作"手柄"。

(3) 设计者拖动这些"手柄"到新的位置，可以改变对象的大小。设计者在拖动的过程中，手柄会消失以便不和对象的显示混叠。

7. 调整对象的朝向(Reorienting an Object)

当设计者选中该类型对象后，"Rotation and Mirror"图标会从蓝色变为红色，然后就可以来改变对象的朝向。调整对象朝向的步骤如下。

(1) 设计者选中对象。

(2) 设计者单击 Rotation 图标可以使对象逆时针旋转，右击 Rotation 图标可以使对象顺时针旋转。

(3) 设计者单击 Mirror 图标可以使对象按 x 轴镜像，右击 Mirror 图标可以使对象按 y

轴镜像。

8. 编辑对象(Editing an Object)

许多对象具有图形或文本属性,设计者可以通过一个对话框编辑这些属性,这是一种很常见的操作,有多种实现方式。

1) 编辑单个对象的步骤是:

(1) 设计者选中对象。

(2) 设计者单击对象。

(3) 进行编辑。

2) 连续编辑多个对象的步骤是:

(1) 设计者选择 Main Mode 图标,再选择 Instant Edit 图标。

(2) 设计者依次单击各个对象。

(3) 进行编辑。

3) 以特定的编辑模式编辑对象的步骤是:

(1) 设计者指向对象。

(2) 设计者按 CTRL+E 键。

(3) 进行编辑。

对于文本脚本来说,上述行为将启动外部的文本编辑器。如果鼠标没有指向任何对象,该命令将对当前的电路图进行编辑。

4) 通过元件的名称编辑元件的步骤如下:

(1) 设计者键入 E。

(2) 设计者在弹出的对话框中输入元件的名称。

(3) 进行编辑。

上述行为会弹出该项目中此元件的编辑对话框,而且并不是只限于当前工作表的元件。设计者编辑完成后,画面将会以该元件为中心重新显示。

9. 编辑对象标签

任何元件、端点、线和总线标签都可以像元件一样编辑。

1) 编辑单个对象标签的步骤是:

(1) 设计者选中对象标签。

(2) 设计者单击对象。

(3) 进行编辑。

2) 连续编辑多个对象标签的步骤是:

(1) 设计者选择 Main Mode 图标,再选择 Instant Edit 图标。

(2) 设计者依次单击各个标签。

(3) 进行编辑。

10. 复制所有选中的对象

复制整块电路的方法是:

(1) 设计者选中需要的对象,具体的方式参照上文的编辑单个对象标签部分。

(2) 设计者单击 Copy 图标。

(3) 设计者把复制的轮廓拖到需要的位置,单击放置复制。

(4) 重复步骤(3)放置多个复制。
(5) 设计者右击结束。
当设计者复制一组元件后,它们的标注自动重置为随机状态,用来为下一步的自动标注做准备,这样就能防止出现重复的元件标注。

11. 移动所有选中的对象(Moving all Tagged Objects)
移动一组对象的步骤是:
(1) 设计者选中需要移动的对象,具体的方式参照上文的编辑单个对象标签部分。
(2) 设计者把轮廓拖到需要移动到的位置,单击放置。
设计者可以使用块移动的方式来移动一组导线,而不移动任何对象,可参考移动导线这部分内容。

12. 删除所有选中的对象(Deleting all Tagged Objects)
删除一组对象的步骤是:
(1) 设计者选中需要删除的对象,具体的方式参照上文的编辑单个对象标签部分。
(2) 设计者单击 Delete 图标。
如果设计者错误删除了对象,可以使用 Undo 命令来恢复原状。设计者可能发现没有画线的图标按钮,这是因为 ISIS 具有智能功能,可在想要画线的时候进行自动检测。这样就省去了选择画线模式的麻烦。

13. 在两个对象间连线
(1) 设计者单击第一个对象连接点。
(2) 如果设计者想让 ISIS 自动定出走线路径,只需单击另一个连接点。
如果设计者想自己决定走线路径,只需在想要拐点处单击。在 ISIS 中,一个连接点可以精确得连到一根线,在元件和终端的管脚末端都有连接点。在 ISIS 中,一个圆点从中心出发有四个连接点,可以连四根线。因为一般都希望能连接到现有的线上,ISIS 也将线视作连续的连接点。由于一个连接点意味着 3 根线汇于一点,ISIS 提供了一个圆点,避免由于错点、漏点而引起的混乱。设计者在此过程的任何一个阶段,都可以按 ESC 键来放弃画线。

14. 线路自动路径器(Wire Auto-Router)
使用线路自动路径器(WAR),设计者可省去必须标明每根线具体路径的麻烦。该功能默认是打开的,设计者可通过两种途径方式省略该功能。如果设计者只是在两个连接点单击,WAR 将选择一个合适的线径。如果设计者单击了一个连接点,然后单击一个或几个非连接点的位置,ISIS 将认为是在手工确定线的路径,将会允许设计者单击路径的每个角,路径可通过单击另一个连接点来完成。设计者可通过使用工具菜单里的 WAR 命令来关闭 WAR。WAR 这个功能在需要两个连接点间直接定出对角线时是很有用的。

15. 重复布线(Wire Repeat)
假设设计者要连接一个 8 字节 ROM 数据线到电路图数据总线,现在已将 ROM、总线和总线插入点如图 3-3 所示放置。
设计者应该首先单击 A,然后单击 B,在 AB 间画一根水平线。设计者双击 C,重复布线功能会被激活,自动在 CD 间布线。设计者双击 E、F,以下类同。这样重复布线完全复制了上一根线的路径。

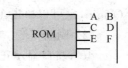

图 3-3 ROM 数据线

如果上一根线是自动重复布线,将仍然自动复制该路径;如果上一根线为手工布线,那么将被精确复制用于新的线。

16. 拖线(Dragging Wires)

如果设计者拖动线的一个角,那该角就随着鼠标指针移动。如果设计者将鼠标指向一个线段的中间或两端,就会出现一个角,然后可以拖动。在后面这种操作中,线所连的对象不能有标示,否则 ISIS 会认为设计者想拖动该对象。设计者也可使用块移动命令来移动线段或线段组。

17. 移动线段或线段组(To move a wire segment or a group of segments)

(1) 设计者在想移动的线段周围拖出一个选择框,该"框"也可以是一个线段旁的一条线。

(2) 设计者单击"移动"图标(在工具箱里)。

(3) 如图 3-4 所示,设计者如图标所示的相反方向,垂直于线段移动"选择框"(Tag-Box)。

(4) 设计者单击结束。

如果设计者操作错误,可使 Undo 命令返回。

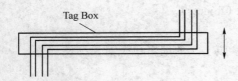

图 3-4 移动线段

由于对象被设计者移动后节点可能仍留在对象原来位置周围,ISIS 提供一项技术来快速删除线中不需要的节点,下面详细说明。

18. 从线中移走节点(To remove a kink from a wire)

(1) 设计者选中(Tag)要处理的线。

(2) 设计者用鼠标指向节点一角,单击。

(3) 设计者拖动该角和自身重合。

(4) 设计者释放鼠标左键,ISIS 将从线中移走该节点。

19. 编辑区域的缩放

Proteus ISIS 的缩放操作多种多样,极大地方便了设计者的设计。Proteus ISIS 常见的几种方式有:完全显示(或者按 F8 键)、放大按钮(或者按 F6 键)和缩小按钮(或者按 F7 键)、拖放、取景、找中心(或者按 F5 键)。

20. 点状栅格和刷新

为了方便元器件定位,Proteus ISIS 在编辑区域使用点状栅格。当设计者使用鼠标指针在编辑区域移动时,移动的步长就是栅格的尺度,称为"Snap(捕捉)",这个功能可使元件依据栅格对齐。

(1) 显示和隐藏点状栅格

可通过工具栏的按钮或者按 G 键来实现点状栅格的显示和隐藏。当设计者移动鼠标时,在编辑区的下方将出现栅格的坐标值,它显示横向的坐标。编辑区坐标的原点在编辑区的中间,有的地方坐标值比较大,不利于设计者进行比较。设计者此时可通过单击 View|Origin,也可以单击工具栏的按钮或者按 O 键来定位新的坐标原点。

(2) 刷新

编辑窗口显示正在编辑的电路原理图,设计者可以通过单击 View|Redraw 来刷新显示内容,也可以单击工具栏的刷新命令按钮或者按 R 键来进行刷新。刷新命令的作用是当执行一些命令导致显示混乱时,可以使用该命令恢复正常显示。

21. 对象的放置和编辑

1) 对象的添加和放置

设计者单击工具箱的元器件按钮，使其选中，再单击 ISIS 对象选择器左边中间的置 P 按钮，出现 Pick Devices 对话框，如图 3-5 所示。在这个对话框里设计者可以选择元器件和一些虚拟仪器。下面以添加单片机 PIC16F877 为例来说明如何把元器件添加到编辑窗口的。设计者在 Gategory（器件种类）下面，找到 MicoprocessorICs 选项，单击一下，在对话框的右侧，会发现这里有大量常见的各种型号的单片机。设计者找到单片机 PIC16F877，双击 PIC16F877，如图 3-5 所示。

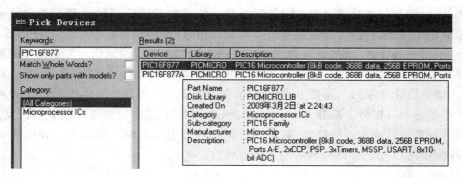

图 3-5　Pick Devices 对话框

这时在左边的对象选择器就有了 PIC16F877 这个元件。设计者单击一下这个元件，然后把鼠标指针移到右边的原理图编辑区的适当位置，单击，就把 PIC16F877 放到了原理图区。

2) 放置电源及接地符号

设计者会发现许多器件没有 VCC 和 GND 引脚，其实它们被隐藏了，在使用的时候可以不用加电源。如果设计者需要加电源可以单击工具箱的接线端按钮，这时对象选择器将出现一些接线端，在器件选择器里点击 GROUND，将鼠标移动到原理图编辑区，单击一下即可放置接地符号。采用同样的方法也可以把电源符号 POWER 放到原理图编辑区。

3) 对象的编辑

对象的编辑是指如何调整对象的位置、放置方向以及改变元器件的属性等。编辑的过程包括选中、删除、拖动等基本操作，方法都很简单，其他的操作还包括：

(1) 拖动标签

很多对象都有一个或多个属性标签，设计者可以很容易地移动这些标签使电路图看起来更美观。移动标签的步骤如下：设计者首先右击选中对象，然后用鼠标指向标签，单击，按下鼠标左键同时移动鼠标，就可以拖动标签到需要的位置，释放鼠标即可。

(2) 对象的旋转

很多对象可以调整旋转为 0°、90°、270°、360°或通过 x 轴 y 轴做镜象旋转。当该对象被选中后，旋转工具按钮图标就会从蓝色变为红色，接下来设计者就可以改变对象的放置方向。旋转的具体方法是：设计者首先右击选中对象，然后根据要求单击旋转工具的 4 个按钮。

(3) 编辑对象的属性

对象一般都具有文本属性,设计者可以通过一个对话框对这些属性进行编辑。编辑单个对象的具体方法是:设计者先右击选中对象,然后单击对象,此时出现属性编辑对话框,随后即可进行编辑。当然也可以先单击工具箱的按钮,再单击对象,这样也会出现编辑对话框。在电阻的编辑对话框中,设计者可以改变电阻的标号、电阻值、PCB 封装以及是否把这些东西隐藏等属性。设计者修改完毕,单击 OK 按钮即可。

22. 原理图的绘制

(1) 画导线

Proteus 的智能化功能可以在设计者想要画线的时候进行自动检测。当设计者将鼠标指针靠近一个对象的连接点时,鼠标的指针就会出现一个"×"号,单击元器件的连接点,移动鼠标(不用一直按着左键)就可看到粉红色的连接线变成了深绿色。如果设计者想让软件自动定出线路径,只需单击另一个连接点即可。这就是 Proteus 的线路自动路径功能(简称 WAR),如果设计者在两个连接点间单击,WAR 将选择一个合适的线径。设计者可通过使用工具栏里的 WAR 命令按钮来关闭或打开,也可以在菜单栏的 Tools 下找到这个图标。如果设计者要自己决定走线路径,只需在想要拐点处点击鼠标左键即可。在画线的任何时刻,设计者都可以按 Esc 键或者右击来放弃画线。

(2) 画总线

为了简化原理图,设计者可以用一条导线代表数条并行的导线,这就是所谓的总线。单击工具箱的总线按钮,设计者即可在编辑窗口画总线。

(3) 画总线分支线

单击工具的按钮,设计者即可画总线分支线,总线分支线是用来连接总线和元器件管脚的。画总线分支线的时候,为了和一般导线相区别,设计者喜欢画斜线来表示分支线,但是这时如果 WAR 功能打开是不行的,需要把 WAR 功能关闭。设计者还需要给分支线起个名字,右击分支线选中它,接着单击选中的分支线就会出现分支线编辑对话框,在其中填上分支线的名字即可。在设置网络标号时,设计者用鼠标单击连线工具条中的图标或者执行 Place/Net Label 菜单命令,这时光标变成十字形并且将有一虚线框在工作区内移动,再按 Tab 键,系统弹出网络标号属性对话框。接下来,设计者在网络标号属性对话框的 Net 项定义网络标号比如 PB0,单击 OK 按钮,将设置好的网络标号放在第 1 步放置的短导线上(注意一定是上面),单击即可将之定位。

放置总线就是将各总线分支连接起来,方法是单击放置工具条图标或执行 Place/Bus 菜单命令,这时工作平面上将出现十字形光标。设计者将十字光标移至要连接的总线分支处,单击鼠标,系统弹出十字形光标并拖着一条较粗的线。接下来设计者将十字光标移至另一个总线分支处,单击鼠标,一条总线就画好了。当电路中多根数据线、地址线、控制线并行时,需要使用总线设计。

(4) 跳线

跳线简单地说就是在电路板中一根将两焊盘连接的导线,跳线也被称为跨接线。跳线多使用于单面板、双面板设计中,特别是单面板设计中使用得更多。在单面板的设计中,当铜膜线无法连接时,即使连通了 Prote199SE,进行电气检查也是错的,系统会显示错误标志。解决上面问题的办法是使用跳线,跳线的长度有 6 mm、8 mm 和 10 mm 等几种。跳线需要在布线层(底层布线)用人工布线的方式放置,当两线相交的时候就用过孔走到背面(顶层)进行布线,跳过相交线然后回到原来层面(底层)布线。为了便于标识跳线,最好在顶层的印丝层(Top Overlay)做上标志。

(5) 放置线路节点

如果在两条导线的交叉点有电路节点,则认为两条导线在电气上是相连的,否则就认为它们在电气上是不相通的。Proteus ISIS 在画导线时能够智能地判断是否需要放置节点,但在两条导线交叉时是不放置节点的,这时要想让两个导线电气相连,只有通过手工放置节点了。设计者单击工具箱的节点放置按钮+,当把鼠标指针移到编辑窗口,指向一条导线的时候,会出现一个"×"号,单击就能放置一个节点。

Proteus ISIS 可以同时编辑多个对象,即具有整体操作功能。常见的整体操作有:整体复制、整体删除、整体移动、整体旋转等几种操作方式。

23. 模拟调试

(1) 一般电路的模拟调试

下面用一个简单的电路来演示如何进行模拟调试。这个简单电路如图 3-6 所示。设计者需要在 Category(器件种类)里找到 BATTERY(电池)、FUSE(保险丝)、LAMP(灯泡)、POT-LIN(滑动变阻器)、SWITCH(开关)这几个元器件并添加到对象选择器里。设计者按照图 3-6 布置元器件,并连接好。在进行模拟之前还需要设置各个对象的属性。首先,设计者选中电源 BAT2,再单击,出现了属性对话框,在 Component Reference 后面填上电源的名称,在 Voltage 后面填上电源的电动势的值,这里设置为 9 V,在 Internal Resistance 后面填上内电阻的值 0.1 Ω。

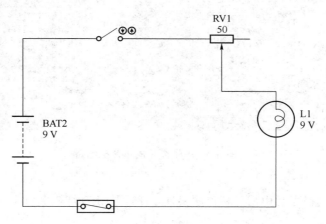

图 3-6 一个简单电路

其他元器件的属性设置如下:滑动变阻器的阻值为 50 Ω;灯泡的电阻是 10 Ω,额定电压是 9 V;保险丝的额定电流是 1 A,内电阻是 0.1 Ω。设计者单击菜单栏 Debug(调试)下的按钮或者单击模拟调试按钮的运行按钮,也可以按 Ctrl+F12 键进入模拟调试状态。设计者把鼠标指针移到开关上,这时出现了一个"+"号,单击一下,就合上了开关。如果设计者想打开开关,就将鼠标指针移到开关上,这时出现一个"-"号,单击一下就会打开开关。设计者把开关合上,可发现灯泡已经点亮了。设计者把鼠标指针移到滑动变阻器上,分别单击,使电阻变大或者变小,就会发现灯泡的亮暗程度发生了变化。如果电流超过了保险丝的额定电流,保险丝就会熔断。倘若保险丝熔断了可以这样修复:按■按钮停止调试,然后再进入调试状态,保险丝就修复好了。

(2) 单片机电路的模拟

① 电路设计

首先设计一个简单的单片机电路,如图 3-7 所示。电路的核心是单片机 AT89C51,C1、C2 和晶振 X1 构成单片机时钟电路。电源、C3 和 R1 的组合电路和 RST 端相连,单片机和 8255 并行接口芯片的连接如图所示。8255 的 A 口和 B 口分别连接 8 个发光二极管,二极管的正极通过限流电阻接到电源的正极。

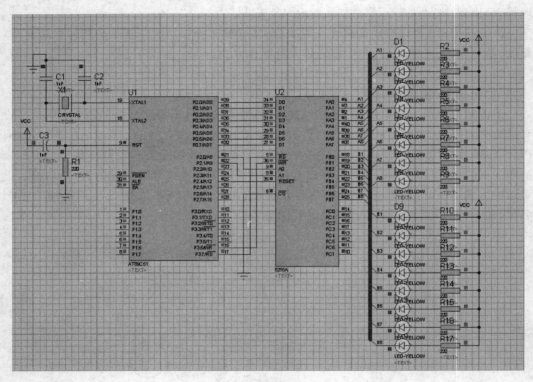

图 3-7 一个简单的单片机电路

② 电路功能

本电路及相关程序运用循环移位法实现了 16 只 LED 灯依次点亮、熄灭的"流水"效果。

③ 程序设计

实验程序源代码保存在 led3-7.asm 中,如下所示。

```
ORG     0000H       ;从 0000H 地址执行
LJMP    MAIN
ORG     0030H       ;主程序开始地址
MAIN:   CLRP2.2
SETB    P2.2        ;8255 复位
CLRP2.2
SETB    P2.0        ;A0 = 1,A1 = 1 8255 控制寄存器地址
```

```
        SETB    P2.1
        MOV     A,#80H              ;8255工作方式,PA,PB和PC都作为输出口
        MOVX    @R0,A
START:  MOV     R1,#0FEH            ;循环初值设置
        MOV     R2,#7FH
        MOV     R3,#08
LOOP:   CLRP2.0
        CLRP2.1
        MOV     A,R1
        MOVX    @R0,A               ;写数据
        RL      A                   ;左移一位
        MOV     R1,A
        SETB    P2.0                ;PB口
        CLR     P2.1
        MOV     A,R2
        MOVX    @R0,A
        RR      A
        MOV     R2,A
        CALL    DELAY
        DJNZ    R3,LOOP             ;从P0循环到P7
        MOV     R1,#7FH
        MOV     R2,#0FEH
        MOV     R3,#08
LOOP1:  CLRP2.0                     ;PA口
        CLRP2.1
        MOV     A,R1
        MOVX    @R0,A               ;写数据
        RR      A                   ;右移一位
        MOV     R1,A
        SETB    P2.0                ;PB口
        CLR     P2.1
        MOV     A,R2
        MOV     X@R0,A
        RL      A
        MOV     R2,A
        CALL    DELAY
        DJNZ    R3,LOOP1            ;P0到P7的循环
        CLRP2.0
        CLRP2.1
        MOV     A,#0
        MOVX    @R0,A
        SETB    P2.0
        MOVX    @R0,A
```

```
        CALL    DELAY
        MOV     A,#0FFH
        CLR P2.0
        MOVX    @R0,A
        SETB    P2.0
        MOVX    @R0,A
        CALL    DELAY
        JMP START
DELAY:  MOV     R6,#0FFH
D1:     MOV     R7,#0FFH
        DJNZ    R7,$
        DJNZ    R6,D1
        RET
        END
```

④ 程序的编译

Proteus ISIS 具有 ASM 的、PIC 的、AVR 的汇编器等自带编译器。下面在 Proteus ISIS 上添加编写好的程序。首先点击菜单栏 Source，在下拉菜单中单击 Add/Remove Source Files(添加或删除源程序)，就会出现一个对话框。接下来点击对话框的 NEW 按钮，在出现的对话框找到实现此程序的源文件 led3-7.asm，单击打开。然后在 Code Generation Tool 的下面找到 ASEM51，然后单击 OK 按钮，设置完毕就可以编译了。设计者单击菜单栏的 Source，在下拉菜单中单击 Build All，会出现编译结果的对话框。如果有错误，对话框中信息会提示哪一行出现了问题，设计者单击出错的提示，就会出现出错的行号。如果代码正确，就会生成一个 led3-7.HEX 文件。

⑤ 模拟调试

设计者选中单片机 AT89C51，单击 AT89C51，在出现的对话框里单击 Program File 按钮，找到步骤④中编译得到的 HEX 文件，然后单击 OK 按钮就可以模拟了。设计者单击模拟调试按钮的运行按钮，进入调试状态，观察发光二极管是否依次点亮、依次熄灭。

还可以单步模拟调试，设计者单击按钮进入单步调试状态，出现一个对话框。在这个对话框里，设计者可以设置断点。设计者单击一下程序语句，此时这个语句变为黑色，右击鼠标，出现一个菜单，单击按钮，就在相应的语句设置了断点。设计者也可以单击右上角的按钮，设置断点，再次单击按钮可以取消断点。

在单步模拟调试状态下，设计者单击菜单栏的 Debug，在下拉菜单的最下面，单击 Simulation Log 中会出现和模拟调试有关的信息。设计者单击 8051 CPU SFR Memory 会出现特殊功能寄存器(SFR)窗口，单击 8051 CPU Internal(IDATA) Memory 则出现数据寄存器窗口。比较有用的还是 Watch Window 窗口，设计者单击一下将出现一个新窗口，在这里可以添加常用的寄存器。设计者在窗口里右击鼠标，在弹出的菜单中单击 Add Item(By name)，双击 P1，这时 P1 就出现在 Watch Window 窗口。设计者可发现无论在单步调试状态还是在全速调试状态，Watch Window 的内容都会随着寄存器的变化而变化。

3.4.4 实例

下面再举一个例子来说明使用 Proteus ISIS 进行单片机电路的设计过程。单片机电路的设计结果如图 3-8 所示。

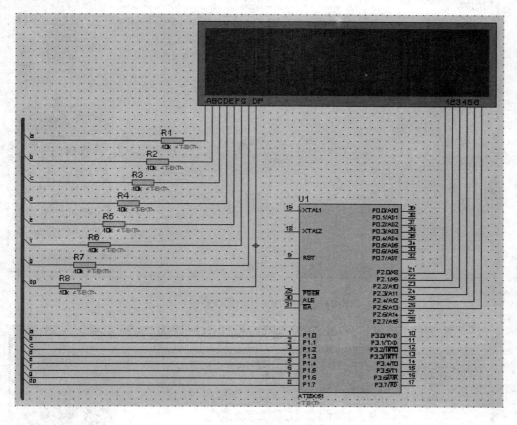

图 3-8 单片机电路实例

这个电路的核心是单片机 AT89C51。单片机的 P1 口 8 个引脚接到 LED 显示器的段选码(a、b、c、d、e、f、g、dp)的引脚上,单片机的 P2 口 6 个引脚接到 LED 显示器的位选码(1、2、3、4、5、6)的引脚上。8 个电阻起限流作用,总线使电路图变得简洁。要求编程实现 LED 显示器的选通并显示字符,Proteus 模拟电路的设计步骤如下。

1. 将所需元器件加入到对象选择器窗口

设计者单击对象选择器按钮 P ,如图 3-9 所示。

弹出 Pick Devices 页面,设计者在 Keywords 处输入 AT89C51,系统在对象库中进行搜索查找,并将搜索结果显示在 Results 中,如图 3-10 所示。

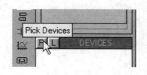

图 3-9 元器件对象选择窗口

在 Results 栏中的列表项中,设计者双击 AT89C51,则可将 AT89C51 添加至对象选择器窗口。设计者接着在 Keywords 栏中重新输入 7SEG,如图 3-11 所示。搜索找到后,设计者双击 7SEG-MPX6-CA-BLUE,则可将 7SEG-MPX6-CA-BLUE(6 位共阳 7 段 LED 显示器)添加至对象选择器窗口。

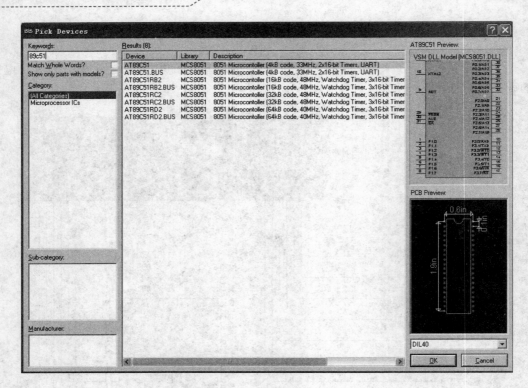

图 3-10 元器件搜索

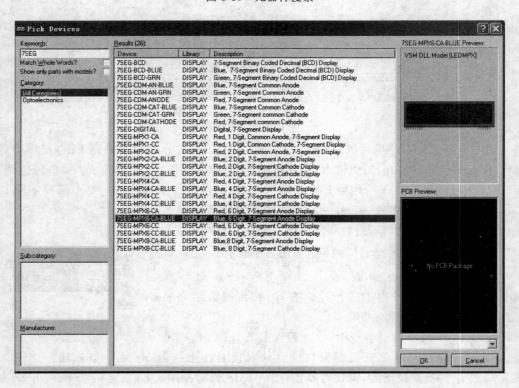

图 3-11 选择需要的元器件

最后,设计者在 Keywords 栏中重新输入 RES,选中 Match Whole Words,如图 3-12 所示。在 Results 栏中获得与 RES 完全匹配的搜索结果,设计者双击 RES,则可将 RES(电阻)添加至对象选择器窗口。设计者单击 OK 按钮,结束对象选择。

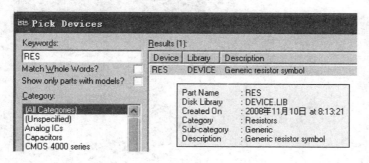

图 3-12　选择的元器件详细内容

通过以上操作,在对象选择器窗口中,已经有了 7SEG-MPX6-CA-BLUE、AT89C51、RES 三个元器件对象。若设计者单击 AT89C51,在预览窗口中,可见到 AT89C51 的实物图,如图 3-13(a)所示。若设计者单击 RES 或 7SEG-MPX6-CA-BLUE,在预览窗口中,可见到 RES 和 7SEG-MPX6-CA-BLUE 的实物图,如图 3-13(b)和(c)所示。此时,可观察到在绘图工具栏中的元器件按钮 处于选中状态。

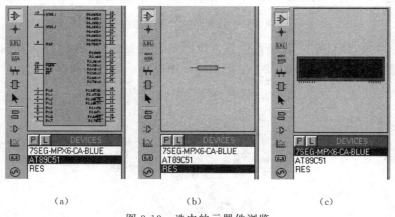

(a)　　　　　　　　　(b)　　　　　　　　　(c)

图 3-13　选中的元器件浏览

2. 放置元器件至图形编辑窗口

在对象选择器窗口中,设计者选中 7SEG-MPX6-CA-BLUE,将鼠标置于图形编辑窗口该对象的欲放位置,设计者单击鼠标,完成该对象的放置。采用同样的方法,设计者可将 AT89C51 和 RES 放置到图形编辑窗口中,如图 3-14 所示。

若对象位置需要移动,设计者可将鼠标移到该对象上,右击鼠标,此时可看到,该对象的颜色已变成红色,表明该对象已被选中。设计者按下鼠标左键,拖动鼠标将对象移至新位置,释放鼠标,完成移动操作。

因为电阻 R1~R8 的型号和电阻值均相同,设计者可利用复制功能作图。将鼠标移到 R1,设计者右击鼠标,选中 R1。接下来在标准工具栏中,设计者单击复制按钮 ,拖动鼠

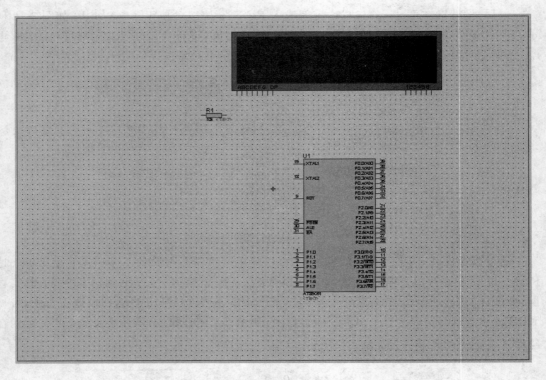

图 3-14　将对象放置到所需位置

标,按下鼠标左键,将对象复制到新位置。设计者可反复操作,直到按下鼠标右键,结束复制,如图 3-15 所示。此时应观察到,电阻名的标识已由系统自动加以区分。

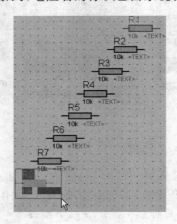

图 3-15　对象的移动

3. 放置总线至图形编辑窗口

设计者单击绘图工具栏中的总线按钮 ![bus] ,使之处于选中状态。将鼠标置于图形编辑窗口,设计者单击鼠标,确定总线的起始位置。接下来设计者移动鼠标,屏幕出现粉红色细直线,找到总线的终止位置;设计者单击鼠标,再右击鼠标,以表示确认并结束画总线操作。此时,粉红色细直线被蓝色的粗直线所替代,如图 3-16 所示。

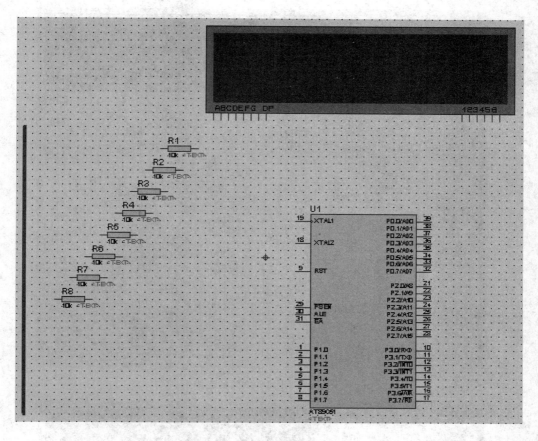

图 3-16　放置总线到编辑窗口

4. 元器件之间的连线

下面将电阻 R1 的右端连接到 LED 显示器的 A 端。当设计者将鼠标的指针靠近 R1 右端的连接点时,鼠标的指针处就会出现一个"×"号,表明找到了 R1 的连接点。设计者单击,移动鼠标,将鼠标的指针靠近 LED 显示器的 A 端的连接点时,鼠标的指针处就会出现一个"×"号,表明找到了 LED 显示器的连接点。这时屏幕上出现了粉红色的连接,设计者单击鼠标,粉红色的连接线变成了深绿色,同时线形由直线自动变成了 90°的折线,这是因为使用了线路自动路径功能。

Proteus ISIS 具有线路自动路径功能(简称 WAR),当设计者选中两个连接点后,WAR 将选择一个合适的路径连线。设计者可通过使用标准工具栏里的 WAR 命令按钮 来关闭或打开 WAR 功能,也可以在菜单栏的 Tools 下找到这个图标。

如图 3-17、图 3-18 所示,采用同样的方法,设计者可以完成其他连线。在画线的任何时刻,设计者都可以按 ESC 键或者右击鼠标来放弃画线。

5. 元器件与总线的连线

为了和一般的导线区别开来,在画总线和元器件连线的时候,可以用斜线来表示分支线。元器件与总线的连线就由这些分支线组成。此时如果设计者需要自己决定走线路径,只需在想要拐弯处单击鼠标即可。

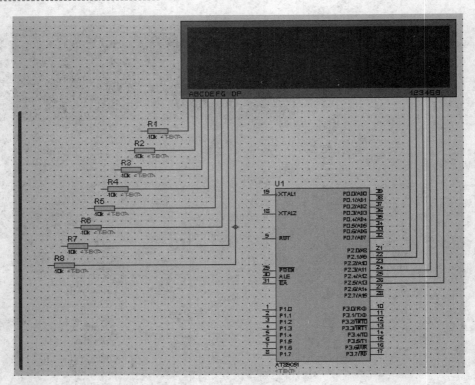

图 3-17 元器件之间的连线 1

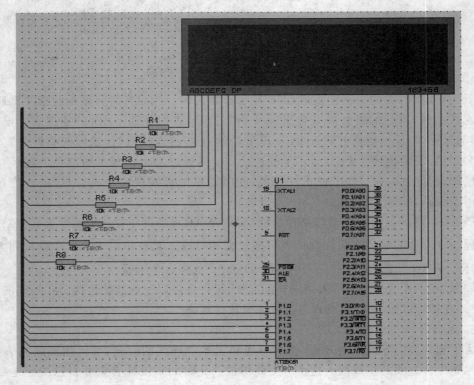

图 3-18 元器件之间的连线 2

6. 给与总线连接的导线贴标签(PART LABELS)

设计者单击绘图工具栏中的导线标签按钮 ![btn]，使之处于选中状态。设计者将鼠标置于图形编辑窗口的欲标标签的导线上，鼠标的指针会出现一个"×"号，如图 3-19 所示。

这表明找到了可以标注的导线，设计者单击鼠标，弹出 Edit Wire Label(编辑导线标签)窗口，如图 3-20 所示。在 String 栏中，设计者输入标签名称(如 a)，单击 OK 按钮，结束对该导线的标签标定。采用同样的方法，设计者可以标注其他导线的标签。请注意，在标定导线标签时，相互接通的导线必须标注相同的标签名，整个电路图的绘制就完成了，如图 3-21 所示。

图 3-19　给与总线连接的导线贴标签　　　　图 3-20　编辑导线标签窗口

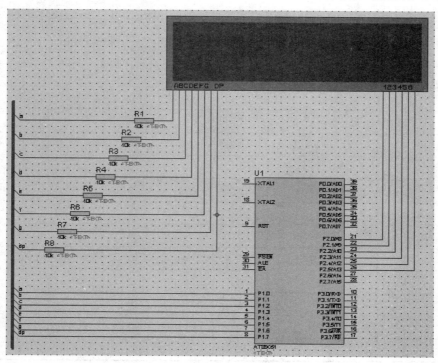

图 3-21　整个电路图

第 4 章 微机接口实验

"微机接口技术"是一门对实践性要求很高的课程,没有实验教学的成功就无法实现教学目标。本章在实验设计、实验安排上遵循由简到难、由软到硬、从验证性实验到综合性实验的原则。这样使学生能够从简单的单个芯片实验,逐步过渡到能够独立完成一个小的微机应用系统。到目前为止,Proteus 对 8086CPU 仅能提供最小模式下的仿真。所以,本书所有的实验都是在最小模式下完成的。

4.1 简单 IO 口读写

本节中的总线结构及 I/O 地址分配如图 4-1、表 4-1 所示。为了精简内容,本节中的每个实验都略去了图 4-1 所示的总线结构及 I/O 地址译码部分。图 4-1 中的 I/O 地址如表 4-1 所示。

表 4-1 I/O 端口地址

	A7	A6	A5	A4	A3	A2	A1	A0	地址
IO0	0	0	0	0	0	0	0	0	00H
IO1	0	0	0	1	0	0	0	0	10H
IO2	0	0	1	0	0	0	0	0	20H
IO3	0	0	1	1	0	0	0	0	30H
IO4	0	1	0	0	0	0	0	0	40H
IO5	0	1	0	1	0	0	0	0	50H
IO6	0	1	1	0	0	0	0	0	60H
IO7	0	1	1	1	0	0	0	0	70H
IO8	1	0	0	0	0	0	0	0	80H
IO9	1	0	0	1	0	0	0	0	90H
IO10	1	0	1	0	0	0	0	0	A0H
IO11	1	0	1	1	0	0	0	0	B0H
IO12	1	1	0	0	0	0	0	0	C0H
IO13	1	1	0	1	0	0	0	0	D0H
IO14	1	1	1	0	0	0	0	0	E0H
IO15	1	1	1	1	0	0	0	0	F0H

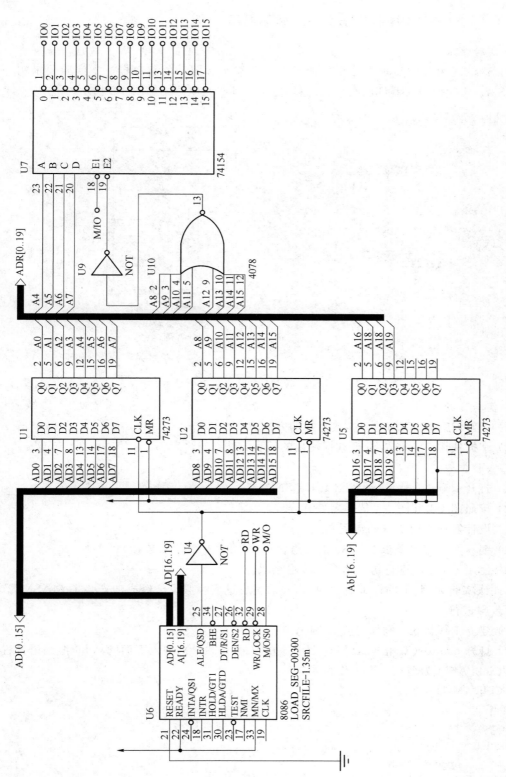

图 4-1 实验总线结构及 I/O 地址译码部分

4.1.1 74LS373 控制灯依次亮灭循环显示

1. 实验要求

74LS373 是由 8 个 D 触发器组成的具有三态输出和驱动的锁存器。本实验要求用一片 74LS373 芯片控制 8 盏灯依次亮、灭循环显示。其实验电路图如图 4-2 所示。

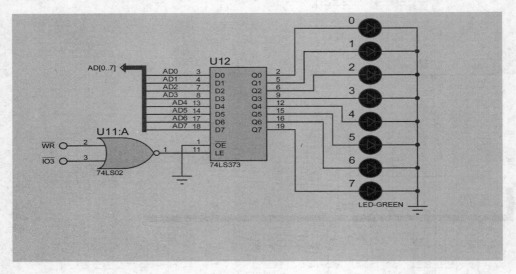

图 4-2 74LS373 控制灯依次亮灭循环显示

2. 实验目的

(1) 了解 CPU 常用的端口连接总线的方法。
(2) 掌握使用 74LS373 进行数据输出的编程方法。

3. 实验步骤

(1) 打开 Proteus 软件,创建 4.1.1.DSN 文件。
(2) 按照图 4-1 和图 4-2 选择器件并连线。
(3) 设计实现实验要求的流程图。
(4) 编写实现实验要求的 8086 汇编语言程序,并完成编译及连接。
(5) 使用 Proteus 进行仿真运行并观察结果。

以此次实验为例,下面详细讲解(4)、(5)的实现过程。假设已经成功安装了 MASM32,按下面步骤进行:

(1) 建立工作目录,例如建立 d:\4.1.1。
(2) 打开 qeditor(双击 MASM32 目录下的 qeditor.exe),输入下面的 8086 汇编语言程序,并以 io2.ASM 为名存盘至工作目录。

```
.MODEL SMALL
.8086
.code
.startup
        mov dx,030h
        mov al,00000001B
```

```
l:      out dx,al
        call delay
        rol al,1
        jmp l
delay proc near
        mov bx,600
m:      mov cx,600
n:      loop n
        dec bx
        jnz m
        ret
delay endp
.data
.stack
END
```

(3) 打开 qeditor,输入下面文本,并以 BUILD.BAT 为名存盘至工作目录。
ml/c/Zd/Zi io2.asm
link16/CODEVIEW io2.obj,io2.exe,,,nul.def

(4) 执行 qeditor 应用程序 File 菜单下的 Cmd Prompt 命令,转至 dos 当前工作目录。执行 build 批处理文档,完成编译和连接。如果没有编译及连接错误,结果应如图 4-3 所示。否则应根据所提示的错误进行程序的修改,并再次执行 build.bat,直至无错为止。

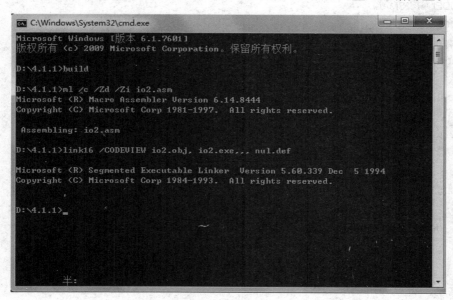

图 4-3 4.1.1 实验程序的编译和连接

(5) 将创建的 4.1.1.DSN 文件拷贝到当前目录。

(6) 打开 4.1.1.DSN 文件,右击实验图中的 8086CPU 并选择 Edit Properties,单击 Program File 后的文件夹,添加可执行程序 io2.exe,单击 OK 按钮退出。

(7) 全速执行或单步执行并检查实验结果。单击 Play 按钮全速执行并检查实验结果。

单击 Pause 按钮，暂停程序执行。右键单击 8086CPU，选择最下面的 8086，选择存储器、寄存器、变量窗口。单击 Step 按钮单步执行并观察 8086CPU 寄存器和存储器数据的变化。如果右击 8086CPU，选择最下面的 8086，选择源代码窗口还可以设置程序断点、执行到光标行等调试方法。

4.1.2　74LS373 控制灯循环点亮显示

1. 实验要求

用 74LS373 做输出，74LS373 所控制的 8 盏灯依次循环点亮、然后依次循环熄灭显示。其实验电路图同图 4-2。

2. 实验目的

（1）了解 CPU 常用的端口连接总线的方法。

（2）掌握使用 74LS373 进行数据输出的编程方法。

3. 实验步骤

（1）打开 Proteus 软件，创建 4.1.2.DSN 文件。

（2）按照图 4-1 和图 4-2 选择器件并连线。

（3）设计实现实验要求的流程图。

（4）编写实现实验要求的 8086 汇编语言程序，并完成编译及连接。

（5）使用 Proteus 进行仿真运行并观察结果。

4. 实验参考程序

```
MODEL     SMALL
.8086
.code
.startup
          mov dx,030h
     k:   mov cx,16h
          mov ax,1111111100000001B
     l:   out dx,al
          call delay
          rol  ax,1
          loop l
          jmp k
delay proc near
          push cx
          mov bx,400
     m:   mov cx,300
     n:   loop n
          dec bx
          jnz m
          pop cx
          ret
delay endp
```

.data
.stack
END

4.1.3　74LS245、74LS373 控制灯显示

1. 实验要求

74LS245 是一种三态输出的缓冲器。本实验要求 74LS373 做输出,74LS245 做输入,要求当输入为 0,74LS373 所控制的 8 盏灯输出为 0F(0~3 号灯亮,4~7 灯灭)。当输入为 1,74LS373 所控制的 8 盏灯输出为 F0(0~3 号灯灭,4~7 灯亮)。其实验电路图如图 4-4 所示。

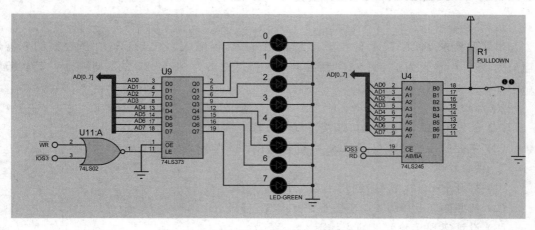

图 4-4　74LS373、74LS245 输入输出实验 1

2. 实验目的

(1) 了解 CPU 常用的端口连接总线的方法。

(2) 掌握使用 74LS245、74LS373 进行数据读入与输出的编程方法。

3. 实验步骤

(1) 打开 Proteus 软件,创建 4.1.3.DSN 文件。

(2) 按照图 4-1 和图 4-4 选择器件并连线。

(3) 设计实现实验要求的流程图。

(4) 编写实现实验要求的 8086 汇编语言程序,并完成编译及连接。

(5) 使用 Proteus 进行仿真运行并观察结果。

4. 实验参考程序

```
.MODEL   SMALL
.8086
.code
.startup
l:      mov bl,0fh
        mov dx,030h
        in al,dx
        test al,1    //第一位是 0,低四位灯亮,否则,高四位亮
        jz N
```

```
            mov bl,0f0h
    N:      mov al,bl
            mov dx,030h
            out dx,al
            jmp l
    .data
    .stack
    END
```

4.1.4　74LS245、74LS373 控制灯闪烁显示

1. 实验要求

本实验要求 74LS373 作输出，74LS245 作输入，当输入为 0，74LS373 所控制的 8 盏灯输出为 0F。当输入为 1，74LS373 所控制的 8 盏灯输出为 0F 到 F0 的闪烁显示。其实验电路图如图 4-4 所示。

2. 实验目的

（1）了解 CPU 常用的端口连接总线的方法。
（2）掌握使用 74LS245、74LS373 进行数据读入与输出的编程方法。

3. 实验步骤

（1）打开 Proteus 软件，创建 4.1.4.DSN 文件。
（2）按照图 4-1 和图 4-4 选择器件并连线。
（3）设计实现实验要求的流程图。
（4）编写实现实验要求的 8086 汇编语言程序，并完成编译及连接。
（5）使用 Proteus 进行仿真运行并观察结果。

4. 实验参考程序

```
.MODEL   SMALL
.8086
.code
.startup
mov bl,0fh
l:      mov dx,030h
        in al,dx
        test al,1
        jz N
        not bl
N:      mov al,bl
        mov dx,030h
        out dx,al
        jmp l
.data
.stack
END
```

4.2 8255A 可编程并行接口

4.2.1 8255A 输出显示

1. 实验要求

使用 8255A 可编程芯片控制输出,用 PC2 控制一个灯的反复亮、灭显示。其实验电路图如图 4-5 所示。

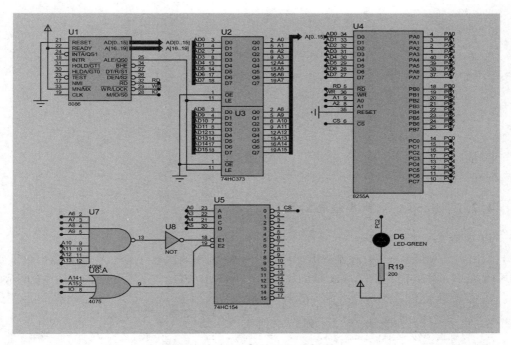

图 4-5 8255A 输出显示实验

2. 实验目的

(1) 了解 CPU、8255 芯片常用的端口连接的方法。

(2) 掌握 8255 并行接口的基本编程方法。

3. 实验步骤

(1) 打开 Proteus 软件,创建 4.2.1.DSN 文件。

(2) 按照图 4-5 选择器件并连线。

(3) 设计实现实验要求的流程图。

(4) 编写实现实验要求的 8086 汇编语言程序,并完成编译及连接。

(5) 使用 Proteus 进行仿真运行并观察结果。

4. 实验参考程序

.model small

.8086

.stack

.code

```
.startup
    mov dx,0206h
aa: mov al,05h
    out dx,al
    call delay
    mov al,04h
    out dx,al
    call delay
    jmp aa
delay proc near
        mov bx,500
lp1:    mov cx,500
lp2:    loop lp2
        dec bx
        jnz lp1
        ret
delay   endp
end
```

4.2.2 8255A 控制 8 盏彩灯显示

1. 实验要求

使用 8255A 可编程芯片控制输出，用 PA0～PA7 控制 8 盏彩灯的亮灭，使其输出数字 0～9 的段码：3FH,06H,5BH,4FH,66H,6DH,7DH,07H,7FH,6FH。其实验电路图如图 4-6 所示。

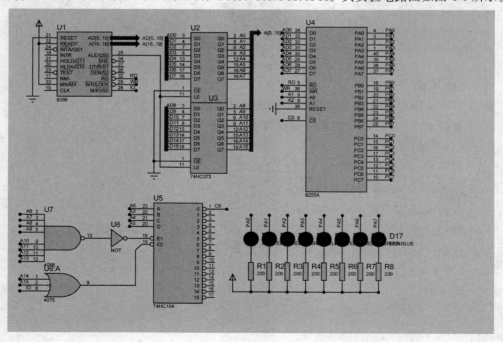

图 4-6　8255A 控制 8 盏彩灯显示实验

2. 实验目的

(1) 了解 CPU、8255 芯片常用的端口连接的方法。

(2) 掌握 8255 并行接口的基本编程方法。

3. 实验步骤

(1) 打开 Proteus 软件，创建 4.2.2.DSN 文件。

(2) 按照图 4-6 选择器件并连线。

(3) 设计实现实验要求的流程图。

(4) 编写实现实验要求的 8086 汇编语言程序，并完成编译及连接。

(5) 使用 Proteus 进行仿真运行并观察结果。

4. 实验参考程序

```
.model small
.8086
.stack
.code
.startup
    mov dx,0206h
    mov al,80h
    out dx,al
again :mov si,offset situation
    mov dx,0200h
next:mov al,[si]
    out dx,al
    call delay
    add si,1
    cmp si,offset sit_end
    jb next
    jmp again
delay proc near
    mov bx,500
lp1：   mov cx,600
lp2：   loop lp2
        dec bx
        jnz lp1
        ret
delay   endp
.data
situation db 3fh,06h,5bh,4fh,66h,6dh,7dh,07h,7fh,6fh
sit_end = $
end
```

4.2.3　8255A 控制 8 盏彩灯依次亮灭循环显示

1. 实验要求

使用 8255A 可编程芯片控制输出，用 PA0～PA7 控制 8 盏彩灯进行依次亮、灭循环显示。其实验电路图同图 4-6。

2. 实验目的

（1）了解 CPU、8255 芯片常用的端口连接的方法。

（2）掌握 8255 并行接口的基本编程方法。

3. 实验步骤

（1）打开 Proteus 软件，创建 4.2.3.DSN 文件。

（2）按照图 4-6 选择器件并连线。

（3）设计实现实验要求的流程图。

（4）编写实现实验要求的 8086 汇编语言程序，并完成编译及连接。

（5）使用 Proteus 进行仿真运行并观察结果。

4. 实验参考程序

```
.model small
.8086
.stack
.code
.startup
     mov dx,0206h
     mov al,80h
     out dx,al
again:mov si,offset situation
     mov dx,0200h
next:mov al,[si]
     out dx,al
     call delay
     add si,1
     cmp si,offset sit_end
     jb next
     jmp again
delay proc near
     mov bx,300
lp1: mov cx,300
lp2: loop lp2
     dec bx
     jnz lp1
     ret
delay endp
```

```
. data
situation db 7fh,0bfh,0dfh,0efh,0f7h,0fbh,0fdh,0feh,0ffh
sit_end = $
end
```

4.2.4 8255A 控制数据输入及输出

1. 实验要求

使用 8255A 可编程芯片控制数据的输入和输出,PA0～PA3 接 4 个灯,PC0～PC3 接 4 个开关。如 PC0～PC3 输入 1,则 PA0～PA3 接的灯亮,PC0～PC3 输入 0,则 PA0～PA3 接的灯灭。其实验电路图如图 4-7(译码电路)和图 4-8 所示。

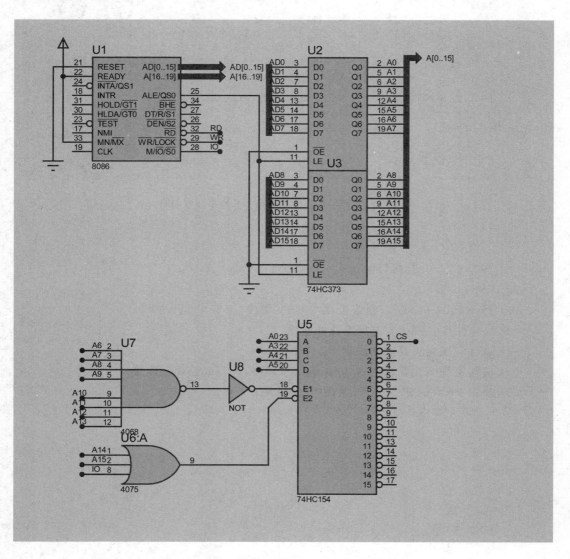

图 4-7 8255A 控制数据输入及输出实验译码电路

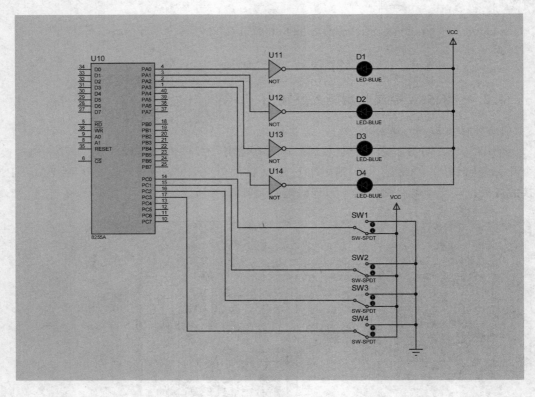

图 4-8　8255A 控制数据输入及输出部分电路

2. 实验目的

(1) 了解 CPU、8255 芯片常用的端口连接的方法。

(2) 掌握 8255 并行接口的基本编程方法。

3. 实验步骤

(1) 打开 Proteus 软件,创建 4.2.4.DSN 文件。

(2) 按照图 4-7、图 4-8 选择器件并连线。

(3) 设计实现实验要求的流程图。

(4) 编写实现实验要求的 8086 汇编语言程序,并完成编译及连接。

(5) 使用 Proteus 进行仿真运行并观察结果。

4. 实验参考程序

.model small

.8086

.stack

.code

.startup

start:mov dx,06h

mov ax,10001001b

out dx,al

mov dx,04h

```
in al,dx
not al
mov dx,00h
out dx,al
jmp start
end
```

4.2.5 8255A 控制 24 盏彩灯(四色灯)循环显示

1. 实验要求

使用 8255A 可编程芯片控制四色彩灯(共 24 盏)从左右两侧循环显示,设置 A 口为方式 0,输出方式。其实验电路图分为译码电路(同图 4-7)和循环显示实验(如图 4-9 所示)。

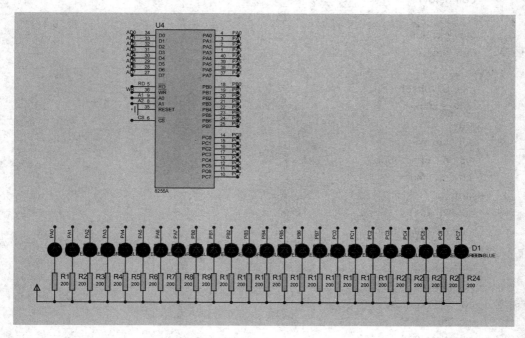

图 4-9 8255A 控制 24 盏彩灯(四色灯)循环显示实验

2. 实验目的

(1) 了解 CPU、8255 芯片常用的端口连接的方法。

(2) 掌握 8255 并行接口的基本编程方法。

3. 实验步骤

(1) 打开 Proteus 软件,创建 4.2.1.DSN 文件。

(2) 按照图 4-7、图 4-9 选择器件并连线。

(3) 设计实现实验要求的流程图。

(4) 编写实现实验要求的 8086 汇编语言程序,并完成编译及连接。

(5) 使用 Proteus 进行仿真运行并观察结果。

4. 实验参考程序

```
.model small
```

```
.8086
.stack
.code
.startup
start:
    mov al,80h
    out 06h,al
    mov al,00h
    out 00h,al
    out 02h,al
    out 04h,al
    call delay
back:
    mov cx,69d
    mov time,00h
next1:
    mov bx,offset leda1
    mov al,time
    xlat
    out 00h,al
    mov bx,offset ledb1
    mov al,time
    xlat
    out 02h,al
    mov bx,offset ledc1
    mov al,time
    xlat
    out 04h,al
    call delay
    inc time
    cmp time,23d
    jz reset1
    dec cx
    jnz next1
    mov cx,12d
    mov time,00h
next2:
    mov bx,offset led2
    mov al,time
    xlat
    out 00h,al
    out 02h,al
    out 04h,al
    call delay
```

```
        inc time
        cmp time,4
        jz   reset2
        dec cx
        jnz next2
        mov cx,48d
        mov time,00h
next3:
        mov bx,offset leda3
        mov al,time
        xlat
        out 00h,al
        mov bx,offset ledb3
        mov al,time
        xlat
        out 02h,al
        mov bx,offset ledc3
        mov al,time
        xlat
        out 04h,al
        call delay
        inc time
        cmp time,24d
        jz reset3
        dec cx
        jnz next3
        jmp back
        mov ah,4ch
        int 21h
reset1:
        mov time,0
        jmp next1
reset2:
        mov time,0
        jmp next2
reset3:
        mov time,0
        jmp next3
delay proc near
        push bx
        push cx
        mov bx,10
delaynext:
        mov cx,1000
```

```
        loop $
        dec bx
        jnz delaynext
        pop cx
        pop bx
        ret
delay endp
.data
leda1 db   0feh,0fdh,0fbh,0f7h,0efh,0dfh,0bfh,
7fh,0ffh,0ffh,0ffh,0ffh,0ffh,0ffh,0ffh,7fh,0bfh,0dfh,0efh,0f7h,0fbh,0fdh,0feh
ledb1 db   0ffh,0ffh,0ffh,0ffh,0ffh,0ffh,0ffh,0ffh,
7eh,0bdh,0dbh,0e7h,0dbh,0bdh,7eh,0ffh,0ffh,0ffh,0ffh,0ffh,0ffh,0ffh,0ffh
ledc1 db 7fh,0bfh,0dfh,0efh,0f7h,0bfh,0dfh,0efh,0ffh,0ffh,
0ffh,0ffh,0ffh,0ffh,0ffh,0feh,0fdh,0fbh,0f7h,0efh,0dfh,0bfh,7fh
led2  db    77h,0bbh,0ddh,0eeh
leda3 db   0feh,0fch,0f8h,0f0h,0e0h,0c0h,80h,00h,00h,00h,00h,00h,01h,
03h,07h,0fh,1fh,3fh,7fh,0ffh,0ffh,0ffh,0ffh,0ffh
ledb3 db    0ffh,0ffh,0ffh,0ffh,0ffh,0ffh,0ffh,0ffh,7eh,3ch,18h,00h,00h,00h,
00h,00h,00h,00h,00h,00h,81h,0c3h,0e7h,0ffh
ledc3 db 7fh,3fh,1fh,0fh,07h,03h,01h,00h,00h  00h,00h,00h,
80h,0c0h,0e0h,0f0h,0f8h,0fch,0feh,0ffh,0ffh,0ffh,0ffh,0ffh
time db 00h
end
```

4.2.6 交通灯

1. 实验要求

在 8255A 控制下,用 PA0 表示纵向绿灯,用 PA1 表示纵向黄灯,用 PA2 表示纵向红灯,用 PA3 表示横向红灯,用 PA4 表示横向黄灯,用 PA5 表示横向绿灯。要求编程实现显示规律如下:

(0) 纵向路口的红灯、横向路口的红灯同时亮 30 秒左右(初始状态)。
(1) 纵向路口的绿灯、横向路口的红灯同时亮 30 秒左右。
(2) 纵向路口的绿灯闪烁若干次,同时横向路口的红灯继续亮。
(3) 纵向路口的黄灯、横向路口的红灯同时亮 30 秒左右。
(4) 纵向路口的红灯、横向路口的绿灯亮同时亮 30 秒左右。
(5) 纵向路口的红灯继续亮、横向路口的绿灯闪烁若干次。
(6) 纵向路口的红灯、横向路口的黄灯同时亮 30 秒左右。
(7) 转(1)重复。

其实验电路图如图 4-7(译码电路)和图 4-10 所示。

2. 实验目的

(1) 了解 CPU、8255 芯片常用的端口连接的方法。
(2) 掌握 8255 并行接口的基本编程方法。

3. 实验步骤

(1) 打开 Proteus 软件,创建 4.2.6.DSN 文件。

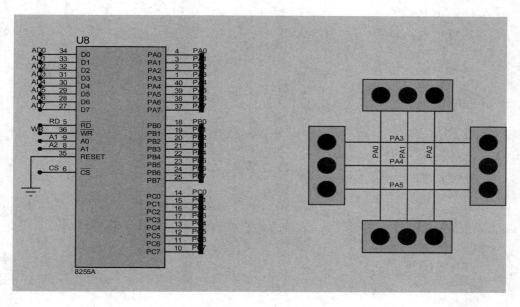

图 4-10 交通灯实验

（2）按照图 4-7、图 4-10 选择器件并连线。
（3）设计实现实验要求的流程图。
（4）编写实现实验要求的 8086 汇编语言程序，并完成编译及连接。
（5）使用 Proteus 进行仿真运行并观察结果。

4．实验参考程序

```
ct_port equ 006h
a_port equ 000h
.model small
.8086
.stack
.code
.startup
start:
    mov al,80h
    mov dx,ct_port
    out dx,al
    mov al,0ch
    mov dx,a_port
    out dx,al
    call delay
    mov bx,offset led
next0:
    mov al,time
    xlat
    mov dx,a_port
    out dx,al
```

```
        call delay
        call flash
        inc time
        cmp time,4
        jz   reset
        jmp next0
reset:
        mov time,0
        jmp next0
delay proc near
        push bx
        push cx
        mov bx,100
next1:
        mov cx,1000
        loop $
        dec bx
        jnz next1
        pop cx
        pop bx
        ret
delay endp
delay0 proc near
        push bx
        push cx
        mov bx,10
next4:
        mov cx,1000
        loop $
        dec bx
        jnz next4
        pop cx
        pop bx
        ret
delay0 endp
flash proc near
        push ax
        push cx
        mov cx,10
        test al,01h
        jnz case1
next2:
        test al,20h
        jnz case2
```

```
        next3:
            pop cx
            pop ax
            ret
    case1:
            mov dx,a_port
        case1next:
            xor al,01h
            out dx,al
            call delay0
            loop case1next
            jmp next2
    case2:
            mov dx,a_port
        case2next:
            xor al,20h
            out dx,al
            call delay0
            loop case2next
            jmp next3
            flash endp
    .data
            led db 09h,0ah,24h,14h
            time db 00h
    end
```

4.3　8253A 可编程定时/计数器

4.3.1　8253A 单通道定时/计数器

1．实验要求

使用 8253A 可编程芯片计时，设置计数器 0，方式 0，使用 BCD 码计数，计数初值为 5。用开关控制 Gate0，Out0 连接指示灯。其实验电路图如图 4-11 所示。

2．实验目的

（1）了解 CPU、8253 芯片常用的端口连接的方法。

（2）掌握 8253 定时器/计数器的基本编程方法。

3．实验步骤

（1）打开 Proteus 软件，创建 4.3.1.DSN 文件。

（2）按照图 4-11 选择器件并连线。

（3）设计实现实验要求的流程图。

（4）编写实现实验要求的 8086 汇编语言程序，并完成编译及连接。

（5）使用 Proteus 进行仿真运行并观察结果。

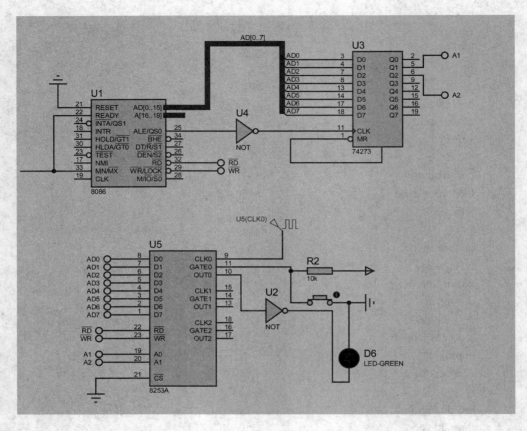

图 4-11 8253A 单通道定时/计数器

4. 实验参考程序

```
.model small
.8086
.stack
.code
.startup
    mov al,31h          ;计数器 0 高低位 方式 0 bcd
    out ctl,al          ;控制字 ctl
    mov al,5            ;低 8 位
    out t0,al
    mov al,0            ;高 8 位
    out t0,al
.data
t0 equ 00h              ;定时器 0 地址
t1 equ 02h              ;定时器 1 地址
t2 equ 04h              ;定时器 2 地址
ctl equ 06h             ;控制字地址
end
```

4.3.2 8253A 双通道定时/计数器

1. 实验要求

使用 8253A 可编程芯片计时,设置通道 0 为方式 2,初值是 2e9cH。设置通道 1 为方式 3,初值是 100。输出用示波器及指示灯显示,其实验电路图如图 4-12、图 4-13 所示。

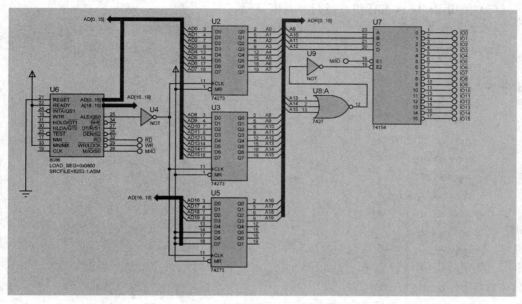

图 4-12 8253A 双通道定时/计数器译码电路

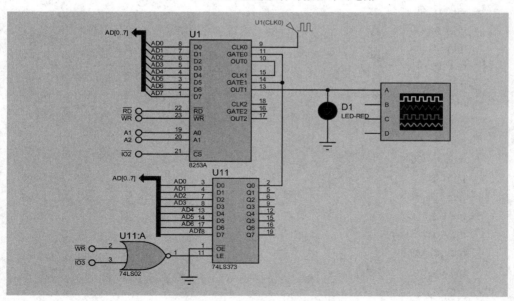

图 4-13 8253A 双通道定时/计数器实验电路

2. 实验目的

(1) 了解 CPU、8253 芯片常用的端口连接的方法。

(2) 掌握 8253 定时器/计数器的基本编程方法。

3. 实验步骤

（1）打开 Proteus 软件，创建 4.3.2.DSN 文件。

（2）按照图 4-12、图 4-13 选择器件并连线。

（3）设计实现实验要求的流程图。

（4）编写实现实验要求的 8086 汇编语言程序，并完成编译及连接。

（5）使用 Proteus 进行仿真运行并观察结果。

4. 实验参考程序

```
.model small
.8086
.stack
.code
.startup
      mov al,00110100b
      mov dx,io2+6
      out dx,al
      mov ax,2e9ch
      mov dx,io2
      out dx,al
      mov al,ah
      out dx,al
      mov al,01010110b
      mov dx,io2+6
      out dx,al
      mov ax,100
      mov dx,io2+2
      out dx,al
      mov dx,io3
      mov al,01h
      out dx,al
      mov bx,600
l:    mov cx,600
      loop $
      dec bx
      jnz l
      mov dx,io3
      mov al,00h
      out dx,al
m:    jmp m
.data
io2=400h
io3=600h
end
```

4.3.3 8253A 三通道定时/计数器

1. 实验要求

在 8253A 可编程芯片中,设置通道 0,方式 3,BCD 计数,初值为 0050H;设置通道 1,方式 0,BCD 计数,初值为 FE00H;设置通道 2,方式 1,二进制计数,初值为 FEH。通过示波器显示其计数波形,其实验电路图如图 4-14、图 4-15 所示。

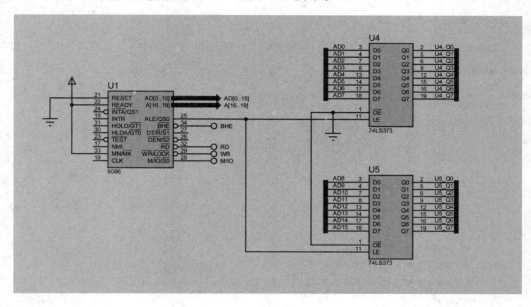

图 4-14　8253A 三通道定时/计数器译码电路

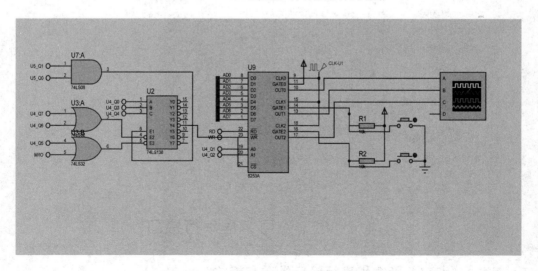

图 4-15　8253A 三通道定时/计数器实验电路

2. 实验目的

（1）了解 CPU、8253 芯片常用的端口连接的方法。

（2）掌握 8253 定时器/计数器的基本编程方法。

3. 实验步骤

(1) 打开 Proteus 软件,创建 4.3.3.DSN 文件。
(2) 按照图 4-14、图 4-15 选择器件并连线。
(3) 设计实现实验要求的流程图。
(4) 编写实现实验要求的 8086 汇编语言程序,并完成编译及连接。
(5) 使用 Proteus 进行仿真运行并观察结果。

4. 实验参考程序

```
model small
.8086
.stack
.code
.startup
    mov dx,316h          ;方波发生 200 Hz,时钟 10 kHz
    mov al,00110111b     ;通道 0,方式 3,bcd 计数
    out dx,al
    mov dx,310h
    mov al,50h
    out dx,al
    mov al,00h
    out dx,al            ;通道 0 初始化
    mov dx,316h          ;计数结束中断方式
    mov al,01110001b     ;通道 1,方式 0,bcd 计数
    out dx,al
    mov dx,312h
    mov al,00h
    out dx,al
    mov al,0feh
    out dx,al            ;通道 1 初始化
    mov dx,316h          ;可编程单稳态输出方式
    mov al,10010010b     ;通道 2,方式 1,二进制计数
    out dx,al
    mov dx,314h
    mov al,0feh
    out dx,al            ;通道 2 初始化
end
```

4.4　8251A 可编程串行接口

4.4.1　8251A 可编程串行接口发送和接收

1. 实验要求

使用 8251A 可编程芯片每隔一段时间发送一个 1,接收端包括虚拟终端和示波器,波特率为 9600 B/s、无校验位、8 位数据位和 1 位停止位。其实验电路图如图 4-16、图 4-17 所示。

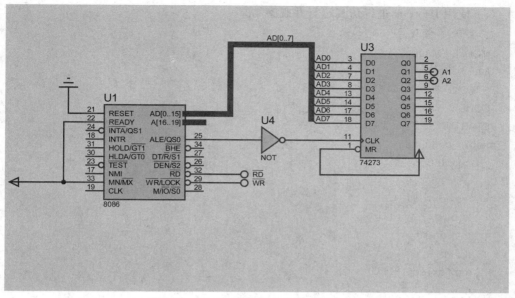

图 4-16 8251A 可编程串行接口译码电路

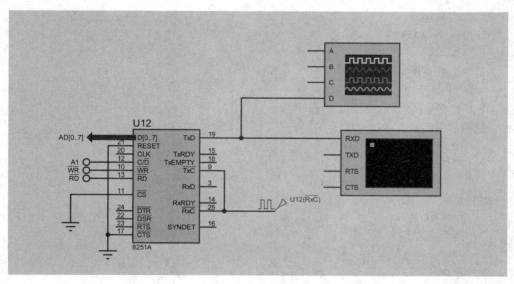

图 4-17 8251A 可编程串行接口发送和接收电路

2. 实验目的

(1) 了解 CPU、8251 芯片常用的端口连接的方法。

(2) 掌握 8251 串行接口的基本编程方法。

3. 实验步骤

(1) 打开 Proteus 软件,创建 4.4.1.DSN 文件。

(2) 按照图 4-16、图 4-17 选择器件并连线。

(3) 设计实现实验要求的流程图。

(4) 编写实现实验要求的 8086 汇编语言程序,并完成编译及连接。

(5) 使用 Proteus 进行仿真运行并观察结果。

4. 实验参考程序

```
.MODEL SMALL
.8086
.STACK
.CODE
.STARTUP
main: call init51
      call init51

m0: mov dx,ad51+2
    in al,dx
    test al,01h
    jz  m1
    mov dx,ad51+0
    mov al,31h     ;1
    out dx,al
    call delay
m1: mov dx,ad51+2
    in al,dx
    test al,02h
    jz  m2
    mov dx,ad51+0
    in al,dx
    mov bl,al
m2: jmp m0

delay proc
    mov cx,5000
    loop $
    ret
delay endp

init51 proc
    mov dx,ad51+2
    mov al,40h    ;reset
    out dx,al
    mov al,4eh    ;无校验 4E 奇 5E 偶 7E
    out dx,al
    mov al,15h
    out dx,al     ;cmd
    ret
init51 endp
```

.DATA
ad51 equ 0000h
END

4.4.2　8251A 及 RS232 接口发送和接收

1. 实验要求

使用 8251A 及 RS232 接口发送字符"Renai College of Tianjin University",接收端包括虚拟终端和示波器。异步传送方式,波特率系数为 1,无校验,8 数据位,1 位停止位。命令字为:清出错标志,允许发送接收。其实验电路图如图 4-18、图 4-19 所示。

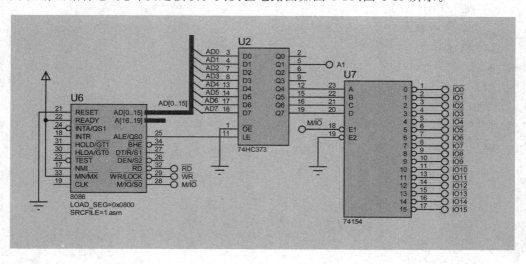

图 4-18　8251A 及 RS232 接口发送和接收译码电路

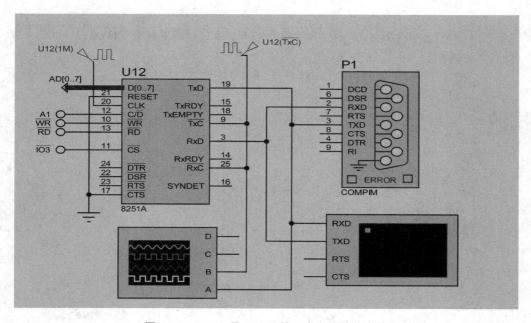

图 4-19　8251A 及 RS232 接口发送和接收实验

2. 实验目的

(1) 了解 CPU、8251 芯片常用的端口连接的方法。

(2) 掌握 8251 串行接口的基本编程方法。

3. 实验步骤

(1) 打开 Proteus 软件,创建 4.4.2.DSN 文件。

(2) 按照图 4-18、图 4-19 选择器件并连线。

(3) 设计实现实验要求的流程图。

(4) 编写实现实验要求的 8086 汇编语言程序,并完成编译及连接。

(5) 使用 Proteus 进行仿真运行并观察结果。

4. 实验参考程序

```
.MODEL SMALL
.8086
.STACK
.CODE
.STARTUP
start:  xor     al,al           ;al 清零
        mov     cx,03
        mov     dx,c8251
sout:   out     dx,al           ;往 8251a 的控制端口送 3 个 0
        loop    sout
        mov     al,40h
        out     dx,al
            nop
        mov     dx,c8251
        mov     al,01001101b    ;写模式字  1 停止位,无校验,8 数据位,x1
        out     dx,al
        mov     al,00010101b    ;控制字 清出错标志,允许发送接收
        out     dx,al
rre:    mov     cx,25
        lea     di,sstr
ssend:                          ;串口发送
        mov     dx,c8251
        mov     al,00010101b    ;清出错,允许发送接收
        out     dx,al
        nop
wwtxd:
        in      al,dx
        test    al,1            ;发送缓冲是否为空
        nop
        jz      wwtxd
```

```
        mov    al,[di]              ;取要发送的
        mov    dx,c8251d
        out    dx,al                ;发送
        push   cx
        mov    cx,30h
        loop   $
        pop    cx
        inc    di
        loop ssend
        jmp rre
.data
    c8251d = 30h                    ;8251 数据口地址
    c8251 = 32h                     ;8251 控制口地址
    sstr db 'renai college of tianjin university'
END
```

4.5 8259A 可编程中断控制器

1. 实验要求

使用 8259A 中断控制器,每按一次开关产生一次中断,从而控制 8 盏灯进行依次亮、灭循环显示。其实验电路图如图 4-20、图 4-21 所示。

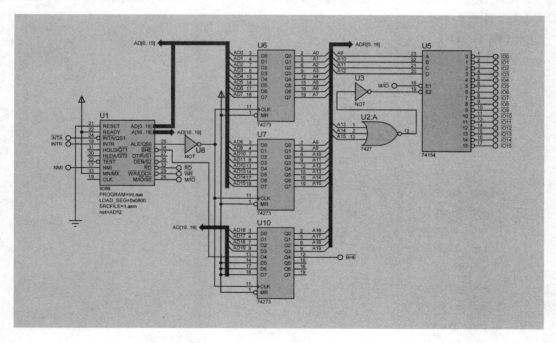

图 4-20 8259A 中断控制器译码电路

基于 Proteus 的微机接口实训

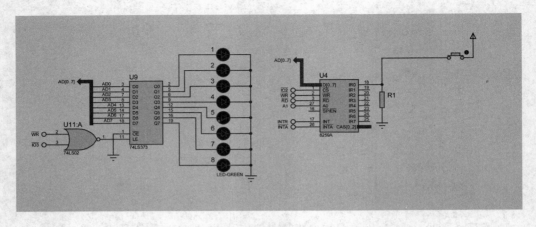

图 4-21 8259A 中断控制 8 盏灯依次亮灭循环显示电路

2. 实验目的

(1) 了解 CPU、8259A 芯片常用的端口连接的方法。

(2) 掌握 8255A 中断控制器的基本编程方法。

3. 实验步骤

(1) 打开 Proteus 软件,创建 4.5.1.DSN 文件。

(2) 按照图 4-20、图 4-21 选择器件并连线。

(3) 设计实现实验要求的流程图。

(4) 编写实现实验要求的 8086 汇编语言程序,并完成编译及连接。

(5) 使用 Proteus 进行仿真运行并观察结果。

4. 实验参考程序

```
.MODEL SMALL
.8086
.STACK
.CODE
.STARTUP
start:
    cli
    mov al,00010011b
    mov dx,400h
    out dx,al
    mov al,060h
    mov dx,402h
    out dx,al
    mov al,1bh
    out dx,al
    mov dx,402h
    mov al,00h
    out dx,al
```

```
        mov dx,400h
        mov al,60h
        out dx,al
        mov ax,0
        mov es,ax
        mov si,60h*4
        mov ax,offset int0
        mov es:[si],ax
        mov ax,cs
        mov es:[si+2],ax
        mov al,tag
        mov dx,0600h
        out dx,al
        sti
li：    mov dx,400h
        mov al,60h
        out dx,al
        jmp li
int0 proc
        cli
        mov al,tag
        rol al,1
        mov tag,al
        mov dx,0600h
        out dx,al
        mov dx,400h
        mov al,60h
        out dx,al
        sti
        iret
int0 endp
.data
tag db 1
END
```

4.6　ADC0808 模/数转换器

4.6.1　A/D 模数转换 7 段管显示

1. 实验要求

使用 ADC0808 芯片,要求可控输入模拟电压范围是:0～4.75 V,使用 8255 控制 8 个灯显示输出数字,同时使用 4 位 7 段管显示相同的数字。其实验电路图如图 4-22 所示。

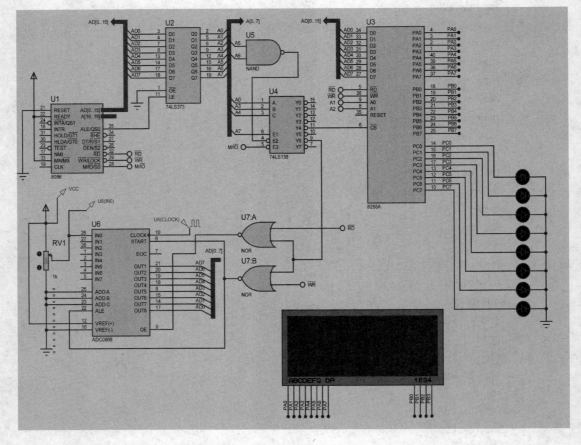

图 4-22　A/D 模数转换 7 段管显示

2．实验目的

(1) 了解 CPU、ADC0808 芯片常用的端口连接的方法。

(2) 掌握 ADC0808 模/数转换器的基本编程方法。

3．实验步骤

(1) 打开 Proteus 软件，创建 4.6.1.DSN 文件。

(2) 按照图 4-22 选择器件并连线。

(3) 设计实现实验要求的流程图。

(4) 编写实现实验要求的 8086 汇编语言程序，并完成编译及连接。

(5) 使用 Proteus 进行仿真运行并观察结果。

4．实验参考程序

```
.model small
.8086
.stack
.code
.startup
start:
```

```
;8255初始化----------------------------
    mov dx,m8255
    mov al,80h
    out dx,al
    mov dx,c8255
    mov al,0fh
    out dx,al
;0809初始化----------------------------
here:
    mov dx,adc0809
    mov al,0
    out dx,al
    ;call delay_1s
    mov dx,adc0809
    in al,dx                    ;读取0809的转换的数据
    mov kd,al
    mov dx,c8255
    out dx,al
    callchage
    calldsup
    jmp here
;显示子程序----------------------------
chage   proc
        mov     cl,04h          ;字符处理子程序
        and     al,0fh
        mov     dsbuf+3,al
        mov     al,kd
        shr     al,cl
        mov     dsbuf+2,al
        mov     dsbuf+1,08h     ;前面两个数码管赋常数8
        mov     dsbuf,08h
        ret
chage endp
dsup proc
        push    cx
        mov     cx,04h          ;显示器个数
        mov     kl,01h          ;选中的显示器
        mov     bh,00h
        mov     bx,offset dsbuf

dsup2:  mov     al,00h
        mov     dx,b8255        ;关闭显示器
        out     dx,al
```

```
                mov     al,[bx]         ;取显示缓冲区中的数据
                push    bx
                mov     ah,00h
                mov     di,ax
                mov     bx,offset sgtb  ;编码
                mov     ax,[bx+di]
                mov     ah,00h
                pop     bx
                mov     dx,a8255        ;送显示器显示
                out     dx,al
                inc     bx
                mo      val,kl
                mov     dx,b8255        ;送位选信号
                out     dx,al
                sal     al,1
                mov     kl,al           ;下一位
                push    cx
                mov     cx,0ffh
kong:           loop    kong
                pop     cx
                loop    dsup2
                mov     al,00h
                mov     dx,b8255        ;关闭显示器
                out     dx,al
                pop     cx
                ret
                dsup    endp
;延时————————————————————
delay_1s proc
    push bx
    push cx
    mov bx,50h
lp2:mov cx,176h
lp1:pushf
    popf
    loop lp1
    dec bx
    jnz lp2
    pop cx
    pop bx
    ret
delay_1s   endp
.data
```

```
;地址 ------------------------------------
a8255    equ 0f0h
b8255    equ 0f2h
c8255    equ 0f4h
m8255    equ 0f6h
adc0809  equ 0f8h
;变量定义 ------------------------------------
dsbuf    db      4 dup(0)    ;显示缓冲区
kd       db      0
kl       db      0           ;键盘列信号、数码管位选信号
sgtb     db      0c0h,0f9h,0a4h,0b0h,099h,92h,82h
         db      0f8h,080h,90h,88h,83h,0c6h,0a1h
         db      86h,8eh,0ffh,8ch,89h,8eh,0bfh,0f7h
end
```

4.6.2 可变电压 A/D 模数转换及显示

1. 实验要求

将通过电压表显示、可变电阻调节的模拟电压(0～4.95 V)通过 ADC0808 转变成数字并通过 8255A 控制的多路 LED 显示出来。其实验电路图如图 4-23、图 4-24 所示。

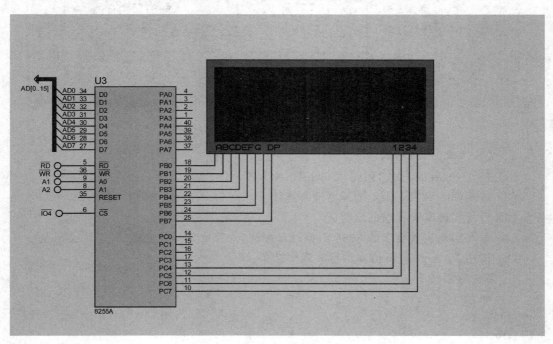

图 4-23　8255A 控制多路 LED 显示部分

2. 实验目的

(1) 了解 CPU、ADC0808 芯片常用的端口连接的方法。

(2) 掌握 ADC0808 模/数转换器的基本编程方法。

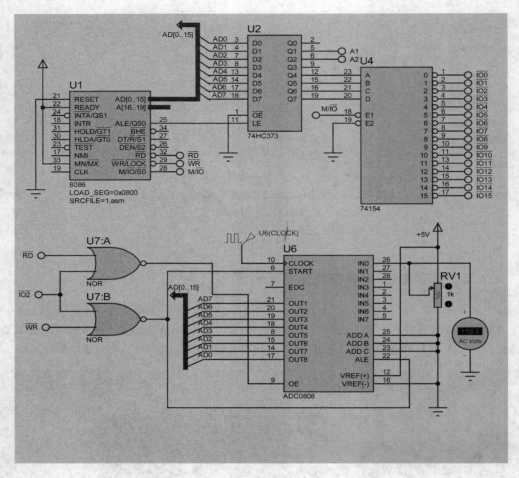

图 4-24　ADC0808 及译码电路部分

3. 实验步骤

（1）打开 Proteus 软件，创建 4.6.2.DSN 文件。

（2）按照图 4-23、图 4-24 选择器件并连线。

（3）设计实现实验要求的流程图。

（4）编写实现实验要求的 8086 汇编语言程序，并完成编译及连接。

（5）使用 Proteus 进行仿真运行并观察结果。

4. 实验参考程序

```
.model small
.8086
.stack
.code
.startup
    mov dx,ctrl8255
    mov al,90h
    out dx,al
```

```
        mov dx,c8255
        mov al,0ffh
        out dx,al
        mov al,0fh
        out dx,al
        mov al,0ffh
        out dx,al
        mov si,offset tdata
k:
        mov dx,a0808
        mov al,0
        out dx,al
        mov cx,5
l:      mov al,[si]
        mov ah,0
        mov bl,51
        div bl
        mov bx,offset sdata
        xlat
        or al,80h
        mov dx,b8255
        out dx,al
        mov al,11011111b
        mov dx,c8255
        out dx,al
        call delay
        mov al,0ffh
        out dx,al
        mov al,ah
        mov ah,0
        mov bl,5
        div bl
        mov bx,offset sdata
        xlat
        mov dx,b8255
        out dx,al
        mov al,10111111b
        mov dx,c8255
        out dx,al
        call delay
        mov al,0ffh
        out dx,al
        mov al,01111111b
```

```
            out dx,al
            mov al,00011100b
            mov dx,b8255
            out dx,al
            call delay
            mov dx,c8255
            mov al,0ffh
            out dx,al
            call delay
            loop l
            mov dx,a0808
            in al,dx
            mov [si],al
            jmp k
delay   proc
            push bx
            push cx
            mov bx,1
m:     mov cx,10
n:      loop n
            dec bx
            jnz m
            pop cx
            pop bx
            ret
delay endp
.data
sdata db 3fh,06h,5bh,4fh,66h,6dh,7dh,07h,7fh,6fh,77h,7ch,39h,5eh,79h,71h
tdata db 0
b8255 = 42h
c8255 = 44h
ctrl8255 = 46h
a0808 = 20h
end
```

4.7 DAC0832 数/模转换器

1. 实验要求

使用 DAC0832 芯片,要求输入数字 0H~0FFH,使其转换成锯齿波并用电压表及示波器表示。其实验电路图如图 4-25、图 4-26 所示。

第4章 微机接口实验

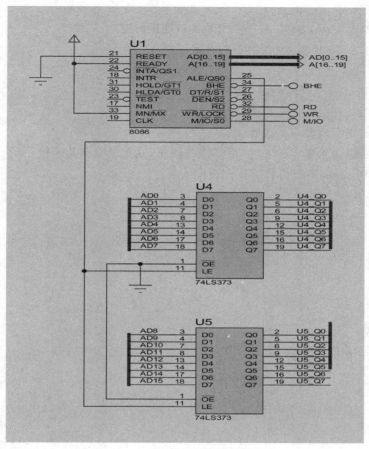

图 4-25 D/A 数模转换器译码电路

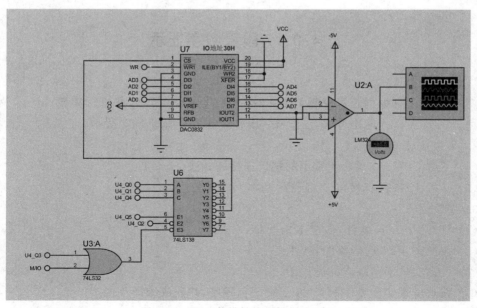

图 4-26 D/A 数模转换器锯齿波显示

2. 实验目的

(1) 了解 CPU、DAC0832 芯片常用的端口连接的方法。

(2) 掌握 DAC0832 数/模转换器的基本编程方法。

3. 实验步骤

(1) 打开 Proteus 软件,创建 4.7.1.DSN 文件。

(2) 按照图 4-25、图 4-26 选择器件并连线。

(3) 设计实现实验要求的流程图。

(4) 编写实现实验要求的 8086 汇编语言程序,并完成编译及连接。

(5) 使用 Proteus 进行仿真运行并观察结果。

4. 实验参考程序

```
.model small
.8086
.stack
.code
.startup
start:
mov al,0ffh
sim:
mov dx,30h
out dx,al
dec al
jnz sim
jmp start
end
```

4.8 7 段管数字显示

1. 实验要求

使用 8255A 可编程芯片控制 1 位 7 段管,使其显示 0 至 9,并进行单段(a~g)及"8"字形显示。设置 A 口为输出方式,方式 0。其实验电路图如图 4-27 所示。

2. 实验目的

(1) 了解 CPU、8255 芯片常用的端口连接的方法。

(2) 掌握 8255 并行接口、7 段管的基本编程方法。

3. 实验步骤

(1) 打开 Proteus 软件,创建 4.8.1.DSN 文件。

(2) 按照图 4-27 选择器件并连线。

(3) 设计实现实验要求的流程图。

(4) 编写实现实验要求的 8086 汇编语言程序,并完成编译及连接。

(5) 使用 Proteus 进行仿真运行并观察结果。

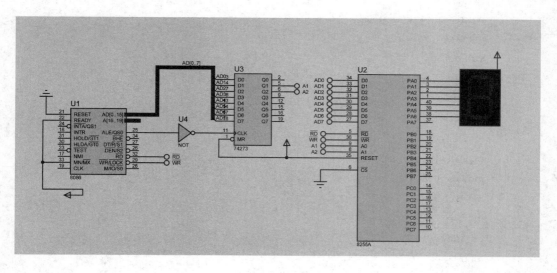

图 4-27　8255A 控制七段管显示电路

4．实验参考程序
```
. MODEL SMALL
. 8086
. STACK
. CODE
. STARTUP
        mov al,80h          ;init
        mov dx,0006h
        out dx,al
        mov al,80h          ;A口
        mov dx,0000h
        out dx,al
        call delay
        xor si,si
        mov cx,10
l0:     mov al,ledtab0[si]  ;A口
        mov dx,0000h
        out dx,al
        inc si
        call delay
        loop l0
        call delay
        xor si,si
        mov cx,4
l1:     mov al,ledtab1[si]  ;A口
        mov dx,0000h
```

```
            out dx,al
            inc si
            call delay
            loop l1
            call delay
            xor si,si
            mov cx,10
    l2:     mov al,ledtab2[si]      ;A 口
            mov dx,0000h
            out dx,al
            inc si
            call delay
            loop l2
    delay   proc
            mov cx,0ffffh
            loop $
            ret
    delay   endp
    .DATA
    ledtab0 DB 0C0H,0F9H,0A4H,0B0H,99H,92H,82H,0F8H,80H,90H      ;"0..9"
    ledtab1 DB 0FEH,0FDH,0FBH,0F7H,0EFH,0DFH,,0BFH               ;"a..g 单段"
    ledtab2 DB 0FEH,0FDH,0BFH,0EFH,0F7H,0FBH,0BFH,0DFH,0FEH      ;"a..g 8 字形段"
    END
```

4.9 LED 光柱显示器

1. 实验要求

使用 8255A 可编程芯片控制 LED 光柱显示器进行光柱循环显示,设置 A 口为方式 0,输出方式。其实验电路图如图 4-28、图 4-29 所示。

2. 实验目的

(1) 了解 CPU、8255 芯片常用的端口连接的方法。

(2) 掌握 8255 并行接口、LED 光柱显示器的基本编程方法。

3. 实验步骤

(1) 打开 Proteus 软件,创建 4.9.1.DSN 文件。

(2) 按照图 4-28、图 4-29 选择器件并连线。

(3) 设计实现实验要求的流程图。

(4) 编写实现实验要求的 8086 汇编语言程序,并完成编译及连接。

(5) 使用 Proteus 进行仿真运行并观察结果。

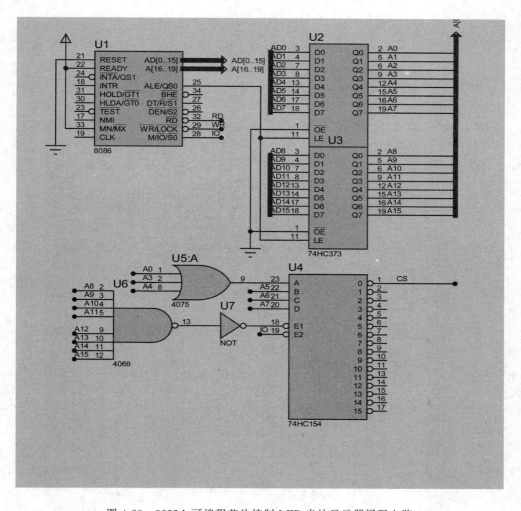

图 4-28 8255A 可编程芯片控制 LED 光柱显示器译码电路

4．实验参考程序

```
.MODEL SMALL
.8086
.STACK
.CODE
.STARTUP
        mov al,80h
        out 06h,al
        mov al,0feh
lo:     out 00h,al
        mov bx,10
wait0:  mov cx,10000
        loop $
        dec bx
```

```
        jnz wait0
        rol al,1
        jmp lo
        mov ah,4ch
        int 21h
.data
END
```

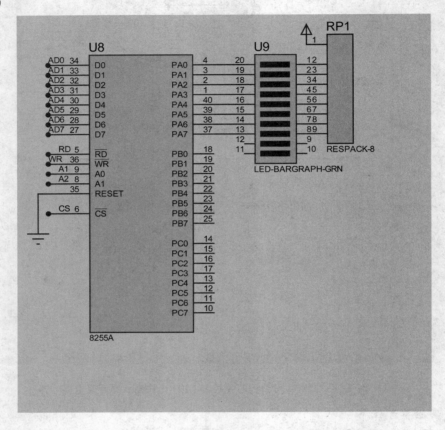

图 4-29　8255A 可编程芯片控制 LED 光柱显示器显示电路

4.10　键盘及 7 段管显示

1．实验要求

通过模拟键盘、8255A 控制 8 盏灯和 1 位 7 段管显示数字 0～9 及字母 A～F。其实验电路图如图 4-30、图 4-31 所示。

2．实验目的

（1）了解 CPU、8255、7 段管芯片常用的端口连接的方法。

（2）掌握 8255 并行接口、7 段管的基本编程方法。

3．实验步骤

（1）打开 Proteus 软件，创建 4.10.1.DSN 文件。

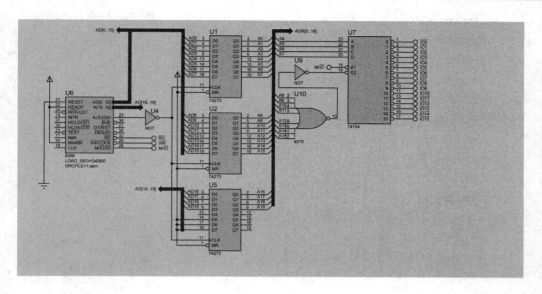

图 4-30 键盘及 7 段管显示译码电路

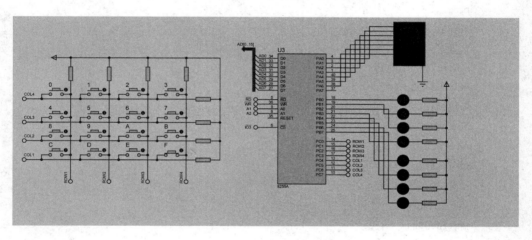

图 4-31 键盘及 7 段管显示电路

(2) 按照图 4-30、图 4-31 选择器件并连线。
(3) 设计实现实验要求的流程图。
(4) 编写实现实验要求的 8086 汇编语言程序,并完成编译及连接。
(5) 使用 Proteus 进行仿真运行并观察结果。

4．实验参考程序

MODEL SMALL
.8086
.STACK
.CODE
.STARTUP
start：
    mov al,10000001B

```
        mov dx,IO3+6
        out dx,al
        mov dx,IO3+4
        mov al,00           ;高四位送0
        out dx,al
j:      in al,dx
        and al,0fH
        cmp al,0fH
        jz j
        call delay
        in al,dx
        mov bl,0
        mov cx,4
k:      shr al,1
        jnc l
        inc bl
        loop k
l:
        mov al,10001000B
        mov dx,IO3+6
        out dx,al
        mov dx,IO3+4
        mov al,00           ;低四位送0
        out dx,al
        in al,dx
        and al,0f0H
        cmp al,0f0H
        jz start
        mov bh,0
        mov cx,4
m:      shl al,1
        jnc n
        inc bh
        loop m
n:
        mov ax,4
        mul bh
        add al,bl
        mov dx,io3+2
        out dx,al
```

```
            mov bx,offset sdata
            xlat
            mov dx,IO3
            out dx,al
            mov cx,0
p:
            loop p
            jmp start
delay proc
mov cx,600
loop $
ret
delay endp
.DATA
sdata db 3fh,06h,5bh,4fh,66h,6dh,7dh,07h,7fh,6fh,77h,7ch,39h,5eh,79h,71h
IO3 = 30h
END
```

4.11 步进电机

1. 实验要求

本实验为使用 8255A 可编程并行接口芯片控制步进电机的综合实验,可使用开关控制步进电机的正转、反转及其速度。其实验电路图如图 4-32、图 4-33 所示。

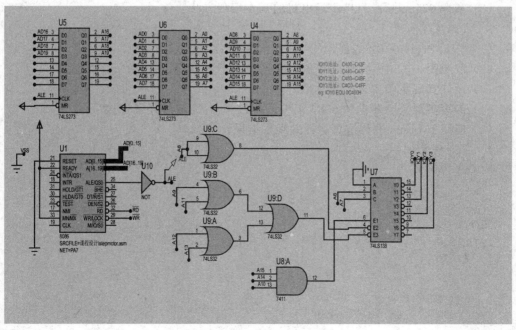

图 4-32 步进电机译码电路

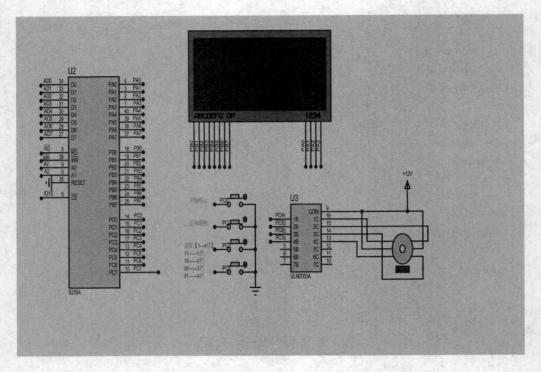

图 4-33　步进电机控制电路

2. 实验目的

（1）了解 CPU、8255、步进电机常用的端口连接的方法。

（2）掌握 8255 并行接口、步进电机的基本编程方法。

3. 实验步骤

（1）打开 Proteus 软件，创建 4.11.1.DSN 文件。

（2）按照图 4-32、图 4-33 选择器件并连线。

（3）设计实现实验要求的流程图。

（4）编写实现实验要求的 8086 汇编语言程序，并完成编译及连接。

（5）使用 Proteus 进行仿真运行并观察结果。

4. 实验参考程序

```
MODEL SMALL
.8086
.STACK
.CODE
.STARTUP
        start:
                mov     si,3000h
                mov     al,00h
                mov     [si],al
                mov     al,09h
                mov     [si+2],al
```

```
            mov     al,03h
            mov     [si+4],al
            mov     al,05h
            mov     [si+6],al
            mov     al,01h
            mov     [si+8],al
            mov     dx,my8255_mode   ;初始化8255工作方式
            mov     al,81h   ;方式0,a输出、b口输出,c口第四位输入,高四位输出
            out     dx,al
qidong:     ;call   clear
            ;call   dis
            mov     dx,my8255_c
            in      al,dx
            test    al,01h
            jnz     stop
speed:      mov     al,01h
            mov     [si],al
            mov     al,08h
            cmp     [si+8],al
            jz      zhi
            mov     bx,[si+8]
            dec     bx
            mov     dx,my8255_c
            in      al,dx
            test    al,02h
            jz      shun
ni:         mov     al,03h
            mov     [si+4],al
            mov     al,dtable4[bx]
            push    ax
            jmp     zhuang
shun:       mov     al,04h
            mov     [si+4],al
            mov     al,dtable3[bx]
            push    ax
zhuang:     mov     dx,my8255_c
            in      al,dx
            test    al,0ch
            jz      dang3
            test    al,04h
            jz      dang2
            test    al,08h
            jz      dang4
```

```
dang1:  pop     ax
        mov     dx,my8255_c
        out     dx,al
        inc     bx
        inc     bx
        mov     [si+8],bx
        mov     al,05h
        mov     [si+6],al
        call    dally
        call    dally1
        call    dally1
        call    dally1
        call    dally1
        call    dally1
        call    dally1
        call    dally1
        call    dally1
        call    dally1
        call    dally1
        call    dally1
        call    dally1
        jmp     speed
dang2:  pop     ax
        mov     dx,my8255_c
        out     dx,al
        inc     bx
        inc     bx
        mov     [si+8],bx
        mov     al,06h
        mov     [si+6],al
        call    dally
        call    dally1
        call    dally1
        call    dally1
        call    dally1
        call    dally1
        call    dally1
        jmp     speed
dang3:  pop     ax
        mov     dx,my8255_c
        out     dx,al
```

```
            inc     bx
            inc     bx
            mov     [si+8],bx
            mov     al,07h
            mov     [si+6],al
            call    dally
            call    dally1
            call    dally1
            call    dally1
            jmp     speed
    dang4:  pop     ax
            mov     dx,my8255_c
            out     dx,al
            inc     bx
            inc     bx
            mov     [si+8],bx
            mov     al,08h
            mov     [si+6],al
            call    dally
            jmp     speed
    zhi:    mov     al,01h
            mov     [si+8],al
            jmp     qidong
    stop:   mov     al,00h
            mov     [si],al
            mov     al,03h
            mov     [si+4],al
            mov     al,05h
            mov     [si+6],al
            call    clear
            call    dis
            jmp     qidong
    dally   proc    near                    ;软件延时子程序
            call    clear
            call    dis
            push    cx
            mov     cx,000fh
    d1:     mov     ax,000fh
    d2:     dec     ax
            jnz     d2
            loop    d1
            pop     cx
            ret
```

```asm
        dally   endp
        clear   proc    near                    ;清除数码管显示子程序
                mov     dx,my8255_b             ;段位置0即可清除数码管显示
                mov     al,00h
                out     dx,al
                ret
        clear   endp
        dis     proc    near                    ;显示键值子程序
                push    ax
                push    si
                mov     si,3006h
                mov     dl,0f7h
                mov     al,dl
again:          push    dx
                mov     dx,my8255_a
                out     dx,al                   ;设置x1~x4,选通一个数码管
                mov     al,[si]                 ;取出缓冲区中存放键值
                mov     bx,offset dtable1
                and     ax,00ffh
                add     bx,ax
                mov     al,[bx]
                mov     dx,my8255_b
                out     dx,al                   ;写入数码管a~dp
                call    dally1
                dec     si
                dec     si                      ;取下一个键值
                pop     dx
                mov     al,dl
                test    al,01h                  ;判断是否显示完?
                jz      out1                    ;显示完,返回
                ror     al,1
                mov     dl,al
                jmp     again                   ;未显示完,跳回继续
out1:           pop     si
                pop     ax
                ret
        dis     endp
        dally1  proc    near                    ;软件延时子程序
                push    cx
                mov     cx,002fh
d3:             mov     ax,002fh
d4:             dec     ax
                jnz     d4
```

```
        loop      d3
        pop       cx
        ret
    dally1  endp
.data
    ioy0       equ    0c400h              ;片选 ioy0 对应的端口始地址
    my8255_a   equ    ioy0+00h*4          ;8255 的 a 口地址
    my8255_b   equ    ioy0+01h*4          ;8255 的 b 口地址
    my8255_c   equ    ioy0+02h*4          ;8255 的 c 口地址
    my8255_mode equ   ioy0+03h*4          ;8255 的控制寄存器地址
    dtable1    db     6dh,79h,73h,77h,39h,06h,5bh,4fh,66h,40h
    dtable3    db     10h,30h,20h,60h,40h,0c0h,80h,90h
    dtable4    db     90h,80h,0c0h,40h,60h,20h,30h,10h
end
```

第 5 章　嵌入式 C 语言基础

在当今时代，人们每天接触各种电子设备，而几乎所有的电子设备都包含一个或几个嵌入式系统。虽然我们可能未必意识到这些电子设备中的嵌入式系统的存在，但我们确实生活在嵌入式系统的包围之中，从手表、微波炉、洗衣机等传统电子设备一直到现在流行的手机、数码相机、数码摄像机(DV)、汽车中的 GPS 定位系统等。由于嵌入式系统的应用十分广泛，计算机及相关专业学生应该学习并掌握嵌入式系统的编程技术。因为具有可读性强、可移植性好等特点，嵌入式 C 语言在嵌入式系统开发中得到了广泛的应用。

虽然从对于硬件的精确控制来说，汇编语言程序从来都是需要的，在嵌入式系统的设计中 C 语言常常表现出以下优势。

（1）对于≥16 位的数据类型的算法类程序的重复编码任务能自动生成代码。

（2）可以对硬件进行直观的操作。例如，对一个串行闪存设备的读或写可以用 C 语言表达为一个简单的赋值语句。

（3）具备平台独立性。C 语言在任何一种嵌入式系统中都可以使用而不拘泥于某一特定系统。

（4）可移植性好。C 语言可以将与特定硬件实施相关的细节放置在不同的库函数和头文件中，这些库函数和头文件可以保证应用程序源代码能够针对不同的微控制器目标重新编译，从而保证了 C 语言程序的可移植性。

（5）花费在实现上的时间更少。C 语言是一种高级语言，其表达范围简明而强大，用 C 语言编写的一行代码可以代替多行汇编语言代码，而且 C 语言调试和维护的成本也低于汇编语言。

虽然嵌入式 C 语言和标准 C 语言在语法等方面基本相似，但嵌入式 C 语言有着一些不同的特点。MPC 编译器是 Byte Craft 有限公司生产的针对 8～16 位处理器编程的嵌入式 C 语言编译器。下面，假设嵌入式程序编译器使用 MPC 编译器，对嵌入式 C 语言的一些特点及标准 C 语言的一些基本内容进行详细的描述。

5.1　数据类型和变量

一般来讲，标准的 C 语言类型在嵌入式编译器中是合法的，但由于嵌入式控制器的受限环境，嵌入式 C 语言的变量和数据类型具有新的特征，这些特征体现在如下方面。

（1）默认的整型类型是 8 位或者 16 位，而不是 32 位。

（2）进行常量定义或变量初始化将消耗更多的 ROM 和 RAM。初始化的变量声明将在重置后立即自动产生可将一个值放置到已分配地址的机器代码。

（3）在 MPC 编译器中可以使用类型为 register 的变量，但在 8 位处理器的环境下，由于寄存器数量较少,register 类型变量稳定性较差。

(4) 除了已经定义的类型,程序员能够像在标准 C 语言中一样定义他们自己的数据类型。

(5) 当编译器遇到一个未声明的变量时,就会分配一个大小合适的内存块。例如,char 变量需要 8 位的 RAM 内存。数据类型修饰符影响分配内存的大小和方式。

(6) 存储修饰符定义变量内存何时分配以及在被重用时如何释放。

(7) 被编译的模块可以访问一个公共变量。对于编译单元,如函数库或目标文件,必须使用 extern 存储类修饰符来表示它们是外部符号。

(8) 属于互斥范围的非静态变量可能被重叠在一起,嵌入式 C 语言在定义变量范围来帮助保存内存资源时需要付出额外的努力。

(9) 在每个进入子例程的入口,嵌入式 C 语言编译器将重新初始化局部变量。这些变量被声明为 auto。在函数的开始处,单独放置声明为 static 的局部变量。

表 5-1 是关于嵌入式 C 语言的各种数据类型和存储修饰符的解释。

表 5-1 嵌入式 C 语言的各种数据类型和存储修饰符

修饰符	注释	修饰符	注释
auto	定义局部变量时使用(非必需),与 static 对应	far	远端调用,依赖于目标的寻址机制
static	在多个函数调用时保持局部变量	near	近端调用,依赖于目标的寻址机制
const	表示常量,在 ROM 里分配内存	signed	与 unsigned 类型对应,生成额外代码
extern	标志以后从一个库中对解析引用	unsigned	在生成代码时可节省存储空间

1. 标识符声明

嵌入式 C 语言编译器采用标识符声明的形式来分配变量或者函数的内存。在编译器读一个程序时,它创建一个符号表来记录所有的标识符名称。编译器内部使用符号表作为对跟踪标识符的引用,符号表包括:变量的名字、类型和它们代表的内存单元。

大多数编译器支持大于等于 31 个字符长度的标识符。有时候需要直接指定变量的位置,如果嵌入式程序编译器采用 MPC 编译器,则变量值的存储位置为 @ 操作符和紧跟在标识符后的数字。同时,在 #pragma portrw 语句里,@ 操作符也被用于端口寄存器和地址之间的关联。如:#pragma portrw PORTA @ 0x0A。

在特殊数据类型和数据访问方面,MPC 编译器提供 SPECIAL 内存声明。使用 SPECIAL 关键字能够在内存中声明远程设备的寄存器或内存空间,然后程序员需要编写设备驱动例程以读和写每个 SPECIAL 内存区域。访问 SPECIAL 内存区域声明的变量或者端口需要特别的处理。读取一个 SPECIAL 变量的值将执行相应的读例程,其返回值就是读取的值。赋一个新值给 SPECIAL 变量即传递给一个相应的写例程。读和写例程能够指导外设总线事务以获取或设置变量的值。因此对于 SPECIAL 内存声明,程序员需要写例程,以读和写来自外设和向外设写的数据。例如下面的清单定义了内存、读方法、写方法和变量声明。

#pragma memory SPECIAL testprom [128] @ 0x80;
#define testprom_r(LDC)　　I2C_read(LOC)

```
# define testprom_w(LDC,VAL)    I2C_write(LOC,VAL)
int testprom l;
```

2. 函数数据类型

函数数据类型决定一个函数能够返回的值。例如，一个 int 函数类型返回一个有符号的整型数。嵌入式 C 语言编译器在 main() 函数里也提供了返回值,但在一般情况下,建议程序员将 main() 函数的返回类型声明为 void。

在 MPC 编译器中,一些特殊命名函数有预定义的类型。例如,实现中断编码的函数的返回值为 void 类型,而 Scenix SX(一种 16 位芯片)的中断处理程序的返回值是 int 类型。参数数据类型表示传递给函数的值以及为存储这些值而分配的内存。一个没有任何参数声明的函数,被称为无参函数,准确地声明应该为:函数名(void)。

不同的嵌入式编译器分配内存的方法不同。MPC 编译器传递函数前两个字节的参数是通过处理器的一个累加器和一个寄存器进行的。如果某个局部内存被特别声明,编译器将在那个空间之外的位置分配函数参数。

3. 字符数据类型

char 代表字符数据类型,字符类型长为 8 bit,即一个字节的内存空间。字符最常见的应用是从一个键盘输入或从一个 LCD 面板输出一个字母。

4. 整数数据类型

整数值包括:int、short、long 数据类型。int 值的大小在 8 位处理器体系结构中通常是 16 bit。MPC 编译器的默认 int 大小是在 8 位和 16 位间可切换的。

short 数据类型用于补充 int 字长的变化。在许多传统 C 平台上,int 类型的字长为 4 个字节。在 int 字长为 4 字节的平台上,short 类型应该是 2 字节长。在 int 类型的字长是 1 或者 2 字节的平台上,即大多数 8 位微控制器,short 数据类型一般占用一个单字节。

如果程序需要定义大于一个 int 的整型数,则程序员需要使用 long 数据类型。在大多数平台上,long 整型类型占据 int 数据类型 2 倍的内存空间。对于 8 位微控制器,long 数据类型通常占用 16 bit 内存。

值得注意的是,long 整数值一般是存储在大于计算机自身数据总线大小的内存块里。因此,当一个程序使用 long 整数值时,编译器将要产生更多的机器指令。long 和 short 的优点在于它们不会在通常的 8 位数据类型和 16 位值的目标平台间改变。

假设处理器环境有一个可切换的 int 类型(8 到 16 位之间),程序员可以通过在需要 8 位值时使用 short,在需要 16 位时使用 long 来实现代码的可移植性。像 int 一样,short 和 long 数据类型都包括一个符号位,既可以表示正数也可以表示负数。为了消除可变化的或者可切换的整数长度的二义性,MPC 编译器可识别 int8、int16、int24 和 int32 数据类型,它们是含有相应数目的位的整数。

5. 位数据类型

ISO/IEC 9899:1999 标准中定义了_Bool 类型。_Bool 类型的变量可能是 0 或 1,这是对类型的一个新的补充。MPC 编译器针对位大小的量级提供了两种类型:bit 和 bits。一个 bit 值表示存储在计算机中的二进制数据位。一个 bits 变量是一个 8 bit 的结构,在 MPC 编译器中,能够直接将一个字节值赋值给 bits,然后使用结构成员对其进行单个位的寻址。

6. 实数

因为存储和操作浮点数需要大量的资源,这将使 8 位计算机难以负担,所以实数的使用在嵌入式系统中受到一定的限制。在 C 语言中,代表实数的基本数据类型是 float 类型。计算机的最大实数值在一个名为 values.h 的头文件中定义,其符号常量为:MAXFLOAT。

C 语言编译器一般为一个 float 变量分配 4 个字节,提供的精度是小数点右边 6 位数字。在 C 语言中还可以用 double 或 long double 数据类型获得更高的精度。一般地,编译器为 double 变量分配 8 个字节,其精度为 15 位小数。long double 变量为 16 字节,精度达到 19 位小数。

7. 复杂数据类型

复杂数据类型包括数组、指针、枚举类型、联合和结构。在资源受限的嵌入式系统中,复杂数据类型仍然是很有用的。

(1) 指针

指针变量的实现由目标处理器的指令集来决定。如果处理器具有间接或者变址的寻址模式,则产生的代码将会更简单一些。值得注意的是,哈佛体系结构有两种不同的地址空间,因此指针的解释可能不同。RAM 位置的解引用与 ROM 位置的解引用需要使用不同的指令。另外,near 和 far 指针在代码产生方面的差别也是很明显的。

(2) 数组

当声明一个数组时,要同时声明数组的类型和它包括的元素个数。例如,下面声明了一个包含了 8 个 char 元素的数组:char mychararray[8];。在声明一个数组时,必须指定数组大小或其内容,以便预留一个单一连续的内存块保存数组的数值。

因为在数组中采用变址的可用方法有限,在嵌入式 C 语言程序中使用数组有某些限制和不利的地方。MPC 编译器不允许定义 struct 和 union 数组,进行这种限制的原因是因为寻址该数据结构的成员的难度过大,struct 和 union 成员本身要作为数组成员来寻址。为了弥补这种限制带来的问题,程序员可定义基本数据类型的几个全局数组,并通过上下文将它们组织在一起,从而即可实现 struct 或 union 数组同样的功能。

(3) 枚举类型

如果一个变量只有几种可能的值,则可以将其定义为枚举类型,枚举类型是已命名的数值的有限集合。对枚举元素值的列表,编译器默认提供从 0 开始的整数值范围。在嵌入式 C 语言中,可能希望将枚举集合与一个由设备决定的级数相关联。枚举元素能够被设置成下面两种方式的任何整数值。

① 指定每一个枚举元素的值。如:Enum Wxlinuxsel {Bit1=1,Bit2=2};指定了 Wxlinuxsel 中 Bit1 和 Bit2 的值。

② 为枚举元素指定起始值。默认情况下,编译器将 0 赋值给清单的第一个元素,也可以从其他值开始设置清单。例如下面的例子,为 ENUNEXP 指定了一个起始值。

enum ENUNEXP {Monday=1,Tuesday,Wensday,Thursday,Friday,Saturday,Sunday};

当编译器遇到在枚举清单里没有赋值的元素时,它从已经被指定了值的最后一个值开始计数。例如,下面枚举中的元素都被指定了适当的值。

enum ENUNEXP {Monday=1,Tuesday,Wensday,Thursday=6,Friday,Saturday,Sunday};

(4) 结构体

C 语言允许用户自己建立由不同类型数据组成的组合型的数据结构,它称为结构体。

结构体是对程序数据有意义的组织,建立可理解的数据结构是提高 C 语言程序效率的一个关键。

下面的声明创建一个计时器的结构体类型,并在该结构体里描述每一个成员。结构体 Timer 被定义为具有如下成员:hours,minutes,seconds,AmorPm(AM 或 PM 标志)。然后,变量 timer 被声明为具有 struct Timer 类型。

```
struct   Timer {
   usigned int hours;
   usigned int minutes;
   usigned int seconds
   char AmorPm;
};
struct Timer timer;
```

(5) 共用体类型

使用几个不同的变量共享同一段内存的结构,称为共用体(union)类型。开发传统平台的程序员不经常使用共用体数据类型,但它对嵌入式系统开发者非常有用。共用体类型是基于几个相关数据类型中的一个实例存储在一个内存块的数据。嵌入式系统中的共用体类型的一个常见用法是创建一个可擦写缓冲区变量,由它保存不同类型的数据。在需要一个临时变量的各个函数里,可通过重用一个 16 位内存块来节省内存。下面的例子创建了这样一个变量。

5 章   例 1:

```
struct L_tag {
short Lbyte;
short Hbyte;
};
union Erasearea {
{
    int arint;
    chararchar;
    short asshort;
    long aslong;
    int near * arnptr;
    int far * arfptr;
    struct L_tag arword;
} eraseArea;
```

(6) typedef 关键字

C 语言程序员可以使用关键词 typedef 依照现存类型定义一个新的变量类型。编译器主要关心新类型的大小以便确定要预留多少 RAM 或者 ROM 内存空间。下面的语句定义了一个新的类型 Date,并用它定义变量。

```
typedef struct
{ int month;
   int day;
```

int year;
}Date;
Dat ebirthday;

(7) 数据类型修饰符

嵌入式 C 语言允许修改简单数据类型的默认特征。这些数据类型修饰符主要改变允许的数据值的范围,不能用于函数。程序员可以在变量、函数参数和函数的返回值里使用它们。一些类型修饰符能够同任何变量一起使用,而其他则只用于特殊类型的一个集合。

① 数值常量修饰符:const 和 volatile

在一般的情况下,程序中的变量是根据程序员给出的指令改变数值的。有时,需要在程序中创建不能改变数值的变量。例如,要计算圆的面积,就要定义 π,这是个常量,应该在一个常数变量里指定该数值的一个近似值。例如,将 π 声明为:const float PI=3.1415926;。

当上面的语句被编译时,编译器为 PI 变量分配内存空间,而且在后面的代码中不能改变 PI 的值。在嵌入式 C 语言中,常量数据值的存储是从程序的内存空间分配的,通常是从 ROM 或其他的永久性存储体。如果在某些特殊场合,需要将数据装载到一个寄存器,则编译器对常量将保留更多字节的内存空间。在嵌入式 C 语言中,为了访问在子例程参数中的常量,处理器要执行专门的装载语句。Volatile 关键字表示变量如果超出正执行程序的范围其值就可能改变的变量。例如,一个保存在端口数据寄存器的变量将随着端口值的改变而变化。

② 允许值修饰符:signed 和 unsigned

在嵌入式 C 语言中,整数数据类型可以使用负数值。整数数据类型的符号值可以用 signed(有符号)和 unsigned(无符号)关键词来指定。

signed 关键词使用整数值的高位作为符号位。如果符号位被设置为 1,则变量被解释为一个负数值。short,int 和 long 数据类型默认为是有符号的整数,char 数据类型默认为是无符号的整数。下面的语句,创建一个有符号的 char 变量:signed char oursignedchar;。如果单独使用 signed 和 unsigned 关键词,则表明编译器在定义一个整数值。

5.2　表达式和语句

1. 表达式

表达式是常量、变量、运算符的组合(函数也可以是组成表达式的元素),表达式计算以后返回一个结果值。表达式的结束标志是分号(;),C 语言中所有的语句和声明都是用分号结束,在分号出现之前,语句是不完整的。表达式的例子如下:

3+2;
total/3+5;
2*PI*R;

表达式本身什么事情都不做,只是返回结果值。在程序不对返回的结果值做任何操作的情况下,返回的结果值不起任何作用。表达式的作用有两点,一个是放在赋值语句的右边,另一个是作为函数的参数来使用。表达式返回的结果值是有类型的。表达式隐含的数据类型取决于组成表达式的变量和常量的类型。因此,表达式的返回值有可能是某种大小的整型,或者是某精度的浮点型,或者是某种指针类型。

在计算中,有时需要进行类型转换。类型转换的原则是从低级向高级自动转换(除非人为的加以控制)。计算的转换顺序基本是这样的:字符型→整型→长整型→浮点型→单精度型→双精度型。就是当字符型和整型在一起运算时,结果为整型,如果整型和浮点型在一起运算,所得的结果就是浮点型,如果有双精度型参与运算,那么答案就是双精度型了。强制转换是这样的,在类型说明符的两边加上括号,就把后面的变量转换成所要的类型了。类型转换的例子如下:

(int)c;

(float)d;

第一个式子是把 c 转换成整型,如果原先有小数部分,则舍去。第二个式子是把 d 转换成浮点型,如果原先是整数,则在后面补 0。每一个表达式的返回值都具有逻辑特性。如果返回值为非 0,则该表达式返回值为真,否则为假。这种逻辑特性可以用在程序流程控制语句中。有时表达式也不参加运算,如:

if(c‖d)…………

6>4? c++ :d++ ;

在第一个式子中,当 c 为真时,d 就不参加运算了,因为不管 d 如何,条件总是真。在第二个式子中,b 不参加运算,因为条件为真。

2. 语句

1) 赋值语句

赋值语句的例子如下:

sum = 2 + 9;

Total = sum/3 + 6;

Area = 2 * PI * R;

这些赋值语句看起来很像代数方程,在某些情况下,的确可以这样理解,但有时它们是不一样的。看下面的例子:sum=sum+1;。这句话显然不是一个等式。

2) 用逗号分隔开的声明语句

C 语言和大多数编程语言一样,允许用逗号分隔声明语句中的标识符列表,说明这些运算符是同一变量类型。例如:float a,b,c;。但有些程序员喜欢把标识符写在不同的行上,例如:

float a;

float b;

float c;

这样写的好处是可以在每个标识符后边加上注释。在声明变量的时候,也可以直接给变量赋值,这叫作变量的初始化。例如:int a;a=3;上面两句等价于:int a=3;。也可以让某些变量初始化,某些不初始化,例如:int a=3,b,c=5;

在进行初始化时,初始化表达式可以是任意的(对全局变量和静态变量有区别),由于逗号运算符是从左到右运算的,下面的这行也同样是符合语法的:int a=3,b=a,c=5;。

C 语言标准库提供了两个控制台格式化输入、输出函数 scanf() 和 printf()。这两个函数可以在标准输入输出设备上以各种不同的格式读写数据。scanf() 函数用来从标准输入设备(键盘)上读数据,printf() 函数用来向标准输出设备(屏幕)写数据。下面详细介绍这两个函数的用法。

3) 标准输入语句

scanf()函数是格式化输入函数,它从标准输入设备(键盘)读取输入的信息。其调用格式为:scanf(<格式化字符串>,<地址表>)。格式化字符串包括以下三类不同的字符:

(1) 空白字符:空白字符会使 scanf()函数在读操作中略去输入中的一个或多个空白字符。

(2) 非空白字符:一个非空白字符会使 scanf()函数在读入时剔除与这个非空白字符相同的字符。

(3) 格式化说明符:以%开始,后跟一个或几个规定字符,用来确定输入内容格式。

C语言提供的输入格式化规定符如下。

表 5-2　C语言提供的输入格式化规定符

符号	作用	符号	作用
%d	十进制有符号整数	%c	单个字符
%u	十进制无符号整数	%p	指针的值
%f	浮点数	%x,%X	无符号以十六进制表示的整数
%s	字符串	%o	无符号以八进制表示的整数

地址表是需要读入的所有变量的地址,而不是变量本身,取地址符为'&'。各个变量的地址之间用(,)分开。例如:

scanf("%d,%d",&i,&j);

上例中的 scanf()函数先读一个整型数,然后把接着输入的逗号剔除掉,最后读入另一个整型数。如果这一特定字符没有找到,scanf()函数就终止。若参数之间的分隔符为空格,则参数之间必须输入一个或多个空格。具体说明如下。

① 对于各个变量,类型说明符是什么,输入格式化说明符就应该用对应的类型。否则会出现程序错误或输入数据和理想的不一样。

② 对于字符串数组或字符串指针变量,由于数组名和指针变量名本身就是地址,因此使用 scanf()函数时,不需要在它们前面加上 & 操作符。

char *p,str[20];
scanf("%s",p);
scanf("%s",str);

③ 可以在格式化字符串中的%号和格式化规定符之间加入一个整数,表示任何读操作中的最大位数。如上例中若规定只能输入 10 个字符给字符串指针 p,则第一条 scanf()函数语句变为:scanf("%10s",p);

程序运行时一旦输入字符个数大于10,p 就不再继续读入。实际使用 scanf()函数时存在一个问题,即当使用多个 scanf()函数连续给多个字符变量输入时,例如:

char c1,c2;
scanf("%c",&c1);
scanf("%c",&c2);

运行该程序,输入一个字符 A 后回车(要完成输入必须回车),在执行 scanf("%c",

&c1)时,给变量 c1 赋值 A,但回车符仍然留在缓冲区内。当执行输入语句 scanf("%c",&c2)时,变量 c2 输入的是一空行。如果输入 AB 后回车,那么实际存入变量里的结果为 c1 为 A,c2 为 B。要解决以上问题,可以在输入函数前加入清除函数 fflush()即可解决上述问题。

④ 当在格式说明符之间加入' * '时,表示跳过输入,例如:scanf("%3*d",&a);。当输入 12345 的时候,前面三个数字跳过去不考虑,最终变量 a 的值为 45。

4) 标准输出语句

printf()函数是格式化输出函数,一般用于向标准输出设备按规定格式输出信息。在编写程序时经常会用到此函数。printf()函数的调用格式为:

printf(<格式化字符串>,<参量表>);

其中格式化字符串包括两部分内容:一部分是正常字符,这些字符将按原样输出;另一部分是格式化规定字符,以%开始,后跟一个或几个规定字符,用来确定输出内容格式。参量表是需要输出的一系列参数,其个数必须与格式化字符串所说明的输出参数个数一样多。参量表各参数之间用(,)分开,且顺序一一对应,否则将会出现意想不到的错误。对于输出语句,还有两个格式化说明符:%e 表示指数形式的浮点数,%g 表示自动选择合适的表示法。具体说明如下:

① 可以在%和字母之间插进数字表示最大场宽。例如:"%3d"表示输出 3 位整型数,不够 3 位右对齐。"%9.2f"表示输出场宽为 9 的浮点数,其中小数位为 2,整数位为 6,小数点占一位,不够 9 位右对齐。"%8s"表示输出 8 个字符的字符串,不够 8 个字符右对齐。

如果字符串的长度或整型数位数超过说明的场宽,将按其实际长度输出。但对浮点数,若整数部分位数超过了说明的整数位宽度,将按实际整数位输出;若小数部分位数超过了说明的小数位宽度,则按说明的宽度以四舍五入输出。另外,若想在输出值前加一些 0,就应在场宽项前加个 0。例如:"%04d"表示在输出一个小于 4 位的数值时,将在前面补 0 使其总宽度为 4 位。如果用浮点数表示字符或整型量的输出格式,小数点后的数字代表最大宽度,小数点前的数字代表最小宽度。例如:"%6.9s"表示显示一个长度不小于 6 且不大于 9 的字符串。若大于 9,则第 9 个字符以后的内容将被删除。

② 可以在%和字母之间加小写字母 l,表示输出的是长型数。例如:"%ld"表示输出 long 整数,"%lf"表示输出 double 浮点数。

③ 可以控制输出左对齐或右对齐,即在%和字母之间加入一个—号可说明输出为左对齐,否则为右对齐。例如:"%—7d"表示输出 7 位整数左对齐。"%—10s"表示输出 10 个字符左对齐,一些特殊规定字符(可以参照前面说的转义字符)。

表 5-3 嵌入式 C 语言的转义字符

字符	作用	字符	作用
\n	换行	\t	Tab 符
\f	清屏并换页	\xhh	表示一个 ASCII 码用 16 进制表示
\r	回车		

理解 printf()函数的含义，并结合前面描述的数据类型，仔细阅读下面的语句,可加深对 C 数据类型的了解。注意,下面结果中的地址值在不同计算机上可能不同。

```
char c;
int i = 1234;
float fl = 3.141592653589;
double x = 0.12345678987654321;
c = '\x41';
printf("i = %d\n",i);/* 结果输出十进制整数 i = 1234 */
printf("i = %6d\n",i);/* 结果输出 6 位十进制数 i = 1234 */
printf("i = %06d\n",i);/* 结果输出 6 位十进制数 i = 001234 */
printf("i = %2d\n",i);/* i 超过 2 位,按实际值输出 i = 1234 */
printf("fl = %f\n",fl);/* 输出浮点数 fl = 3.141593 */
printf("fl = 6.4f\n",fl);/* 输出 6 位其中小数点后 4 位的浮点数 fl = 3.1416 */
printf("x = %lf\n",x);/* 输出长浮点数 x = 0.123457 */
printf("x = %18.16lf\n",x);
/* 输出 18 位其中小数点后 16 位的长浮点数 x = 0.1234567898765432 */
printf("c = %c\n",c);/* 输出字符 c = A */
printf("c = %x\n",c);/* 输出字符的 ASCII 码值 c = 41 */
```

5) 条件语句

除了没有任何返回值的 void 型和返回无法判断真假的结构外,每一个表达式的返回值都可以用来判断真假。当表达式的值不等于 0 时,它就是"真",否则就是假。一个表达式可以包含其他表达式和运算符,并且基于整个表达式的运算结果可以得到一个真/假的条件值。因此,当一个表达式在程序中被用于检验其值的真或假时,就称为一个条件。

(1) if 语句

if 语句的格式:if(表达式)语句 1；

如果表达式的值为非 0,则执行语句 1,否则跳过语句继续执行下面的语句。如果语句 1 有多于一条语句要执行时,必须使用"{}"把这些语句包括在其中,此时条件语句形式为：

```
if(表达式)
{
语句体 1；
}
```

例如：

```
if(k>=0)m=n;
if(c||d&&e)
{
x = c + d;
x + = d;
}
```

(2)if-else 语句

C 语句中的 else 语句除了可以在条件为真时执行某些语句外,还可以在条件为假时执行另外一段代码,其具体格式例下：

if(表达式)语句1;
else 语句2;

同样,当语句1或语句2多于一个语句时,需要用{}把语句括起来。例如:

if(x>=0)
　{y=x;a=b;}
else{y=-x;b=a;}

(3)if-else if-else 结构

具体格式如下:

if(表达式1)

语句1;

else if(表达式2)

语句2;

else if(表达式3)

语句3;

⋮

else

语句n;

这种结构是从上到下逐个对条件进行判断,一旦发现条件满足就执行与它有关的语句,并跳过其他剩余的 if 和 else。若没有一个条件满足,则执行最后一个 else 后的语句n。最后这个 else 常起着默认条件的作用。同样,如果每一个条件中有多于一条语句要执行时,必须使用"{}"把这些语句包括在其中。条件语句可以嵌套,这种情况经常碰到,但条件嵌套语句容易出错,其原因主要是不知道哪个 if 对应哪个 else。例如:

if(x>40||x<-20)
if(y<=200&&y>x)
printf("Good");
else
printf("Bad");

对于上述情况,C语言规定:else 语句与最近的一个 if 语句匹配,上例中的 else 与 if(y<=200&&y>x)相匹配。为了使 else 与 if(x>40||x<-20)相匹配,必须用花括号。如下所示:

if(x>40||x<-20)
{
if(y<=200&&y>x)
printf("Good");
}
else
printf("Bad");

(4)条件语句举例:

5章 例2:

输入一个数,如果大于1,输出">1";如果小于1,输出"<1";如果正好是1,则输出"=1"。

```
main()
{
float num;
scanf("%f",&num);
if(num>1)
printf(">1\n");
else if(num<1)
printf("<1\n");
else
printf("=1\n");
}
```

5章 例3：

输入一个数 m,输出 n。其中 n 是 m 的绝对值。

```
main()
{
float m,n;
scanf("%f",&m);
if(m>=0)n=m,;
else n=-m;
printf("%f\n",n);
}
```

其实在 C 语言中把一些常用的功能都写好了,我们只需要使用即可。例如,求绝对值的功能在 C 的函数库里就有,看下面的例子：

5章 例4：

```
#include math.h
main()
{
float m,n;
scanf("%f",&m);
n=fabs(m);/*求 m 的绝对值,然后赋值给 n*/
printf("%f\n",n);
}
```

例4的功能和例3一样,都是求绝对值。可以看出,用下面这个方法比上面的要好一些。由于 fabs()是一个函数,系统自带的,所以在使用它的时候,必须把它所在的库文件 math.h 包含在程序中,即程序最前面一行。类似的还有求开方 sqrt(),求指数幂 exp()等,这些与数学方面有关的函数都定义在 math.h 里面。在使用的时候具体哪些有,哪些没有,在什么库里面,可以查看一些手册。

5章 例5： 输入 m,输出 n,m 和 n 满足关系：

m<-5 n=m;
-5<=m<1 n=2*m+5;
1<=m<4 n=m+6;
m>=4 n=3*m-2;

实现程序如下：
```
main()
{
float m,n;
scanf("%f",&m);
if(m<-5)
n=m;
else if(-5<=m&&m<1)
n=2*m+5;
else if(1<=m&&m<4)
n=m+6;
else
n=3*m-2;
printf("%f\n",n);
}
```

这里要说明两点：

① -5<=m&&m<1 不能写成-5<=m<1；1<=m&&m<4 也不能写成 1<=m<4；在 C 语言中，不能识别连续不等式。

② n=2*m+5 不能写成 n=2m+5；n=3*m-2 也不能写成 n=3m-2，平时的写法在这里不适用。

5 章 例 6：输入三个数 m,n,z,然后按从大到小输出。
```
main()
{
float m,n,z;
scanf("%f%f%f",&m,&n,&z);
if(m>=n&&m>=z)
{
printf("%f\t",m);
if(n>=z)printf("%f\t%f\n",n,z);
else printf("%f\t%f\n",z,n);
}
else if(n>=m&&n>=z)
{
printf("%f\t",n);
if(m>=z)printf("%f\t%f\n",m,z);
else printf("%f\t%f\n",z,m);
}
else
{
printf("%f\t",z);
if(m>=n)printf("%f\t%f\n",m,n);
else printf("%f\t%f\n",n,m);
```

}
}

上例是一个典型的 if 语句嵌套结构,如果不使用括号,if 和 else 的对应关系就搞不清楚了。

(5) switch-case 语句

在编写程序时,经常会碰到按不同情况分别跳转的多路问题,这时可用嵌套 if-else-if 语句来实现,但 if-else-if 语句使用不方便,并且容易出错。针对这种情况,C 语言提供了开关语句,开关语句的格式为:

```
switch(变量)
{
case 常量 1:
语句 1(break)或空;
case 常量 2:
语句 2(break)或空;
 ⋮
case 常量 n:
语句 n(break)或空;
default:
语句 n+1 或空;
}
```

执行 switch 开关语句时,将变量逐个与 case 后的常量进行比较,若与其中一个相等,则执行该常量下的语句,若不与任何一个常量相等,则执行 default 后面的语句。

注意:

① switch 中变量可以是数值,也可以是字符,但必须是整数。

② 可以省略一些 case 和 default。

③ 每个 case 或 default 后的语句可以是语句体,但不需要使用"{ }"括起来。

5 章　例 7:

```
main()
{
int m,n;
scanf("%d",&m);
switch(m)
{
case 1:
n=m+1;
break;/* 退出开关语句,遇到 break 才退出 */
case 4:
n=2*m+1;
break;
default:
n=m--;
```

```
break;
}
printf("%d\n",n);
}
```

总的来说,用 switch 语句编的程序一定可以用 if 语句来实现。那么在什么情况下需要使用开关语句呢?一般在出现比较整数的情况下或者能转化成比较整数的情况下使用,看下面的例子。

5 章 例 8:

将学生某课程的成绩分成五等,超过 90 分(含)的为'A',80~89 的为'B',70~79 为'C',60~69 为'D',60 分以下为'E'。现在输入一个学生的成绩,输出他的等级。

① 用 if 语句

```
main()
{
float score;
char grade;
scanf("%d",&score);
if(score>=90)grade='A';
else if(score>=80&&score<89)grade='B';
else if(score>=70&&score<79)grade='C';
else if(score>=60&&score<69)grade='D';
else grade='E';
printf("%c",grade);
}
```

② 用 switch 语句

```
main()
{
int score;
char grade;
scanf("%d",&score);
score/=10;
switch(score)
{
case 10:
case 9:
grade='A';
break;
case 8:
grade='B';
break;
case 7:
grade='C';
break;
```

```
case 6:
grade = 'D';
break;
default:
grade = 'E';
break;
}
printf("%c",grade);
}
```

需要注意的是,并不是每个 case 里面都要有语句,有的可以是空的,如上面的例子 case 10:就是空的。switch 语句执行的顺序是从第一个 case 做判断,如果正确就往下执行,直到 break;如果不正确,就执行下一个 case。所以在这里,当成绩是 100 分时,执行 case 10:然后往下执行,执行 grade='A';break;退出。这里采用 score/=10;将两位数的成绩变成一位数,再使用 switch 语句进行判断。

(6) for 循环语句

for 循环语句的一般形式为:for(<初始化>;<条件表达式>;<增量>)。for 的初始化总是一个赋值语句,它用来给循环控制变量赋初值;条件表达式是一个关系表达式,它决定什么时候退出循环;增量定义循环控制变量每循环一次后如何变化。这三个部分之间用";"号分开。例如:for(int i=1;i<=100;i++)

上例中先给整型数 i 赋初值 1,判断 i 是否小于等于 100,若是则执行语句,执行后值增加 1。再重新判断,直到条件为假,即 i>100 时,结束循环。在 for 循环语句中,应注意:

① for 循环中语句可以为语句体,但要用"{}"将参加循环的语句括起来。

② for 循环中的初始化、条件表达式和增量都是选择项,即可以缺省,但";"不能缺省。省略了初始化,表示不对循环控制变量赋初值。省略了条件表达式,则不做其他处理时便成为死循环。省略了增量,则不对循环控制变量进行操作,这时可在语句体中加入修改循环控制变量的语句。

③ for 循环可以有多层嵌套。

下面看几个 for 循环语句的例子:

```
for(;;)
for(i=2;;i+=5)
for(j=100;;)
```

上面这些 for 循环语句都是正确的。看下面的例子:

5 章 例 9:
```
main()
{
int m,n;
printf("m n\n");
for(m=0;m<2;m++)
for(n=0;n<3;n++)
printf("%d %d\n",m,n);
}
```

上述例子输出结果为:
m n
0 0
0 1
0 2
1 0
1 1
1 2

5 章　例 10:用 for 循环求 1+2+…+100 的和。
```
main()
{
int sum=0,i;
for(i=1;i<=100;i++)
sum+=i;/* 1+2+…+100 */
printf("%d\n",sum);
}
```

从程序可以看出,使用循环语句可以大大简化代码。
(7) while 循环语句
while 循环语句的一般形式为:
while(条件)
语句;
while 循环语句表示当条件为真时,便执行 while 后面的循环体语句,直到条件为假才结束循环,并继续执行循环体语句外的后续语句。例如:

5 章　例 11:
```
#include stdio.h
main()
{
char cchar;
cchar='\0';/* 初始化 cchar */
while(cchar!='\n')/* 回车结束循环 */
cchar=getche();/* 带回显的从键盘接收字符 */
}
```

在例 11 中,while 循环是以检查 cchar 是否为回车符开始,因其事先被初始化为空,所以条件为真,进入循环等待键盘输入字符;一旦输入回车,则 cchar='\n',条件为假,循环便告结束。与 for 循环一样,while 循环总是在循环的头部检验条件,这就意味着循环可能什么也不执行就退出。在 while 语句中值得注意的是:

① 在 while 循环体内是允许空语句的。例如:while((c=getche())!='\n');,这个循环直到键入回车为止。

② while 语句可以有多层循环嵌套。

③ 当 while 中有多于一个语句时必须用"{}"括起来。

5 章　例 12:用 while 循环求 1+2+…+100 的和。

```
main()
{
int sum=0,i=0;
while(++i<=100)
sum+=i;/* 求 1+2+…+100 */
printf("%d\n",sum);
}
```

(8) do-while 循环语句

do-while 循环语句的一般格式为：

```
do
{
语句块;
}
while(条件);
```

do-while 循环与 while 循环的区别在于：它先执行循环中的语句,然后再判断条件是否为真,如果为真则继续循环;如果为假,则终止循环。因此,do-while 循环至少要执行一次循环语句。当在 do-while 中有许多语句参加循环时,要用"{}"把它们括起来。

5 章 例 13：用 do-while 循环求 $1+2+…+100$ 的和。

```
main()
{
int sum=0,i=1;
do
{sum+=i;/* 求 1+2+…+100 */
}
while(++i<=100);
printf("%d\n",sum);
}
```

从上面三个程序例子可以看出,使用 for、while 和 do-while 求解同样的问题,基本思路是一致的,只是在第一次计算时,要注意初值的赋值。

(9) break 语句

为了进行循环控制,break 语句常用在循环语句和开关语句中。当 break 用于开关语句 switch 中时,可使程序跳出 switch 而执行 switch 以后的语句。在 switch 的 case 语句中如果没有 break 语句,则将成为一个死循环而无法退出。break 在 switch 中的用法已在前面介绍开关语句的例子中说明过,这里不再举例。

当 break 语句用于 do-while、for、while 循环语句中时,可使程序终止循环而执行循环后面的语句。通常 break 语句总是与 if 语句联合在一起使用,即满足条件时便跳出循环。例如：

5 章 例 14：

```
main()
{
int sum=0,i;
for(i=1;i<=100;i++)
```

```
{
if(i==51)break;/* 如果 i 等于 51,则跳出循环 */
sum+=i;/* 1+2+…+50 */
}
printf("%d\n",sum);
}
```

可以看出,最终的结果是 1+2+…+50。因为在 i 等于 51 的时候,就跳出循环了。读者可以自己考虑一下,如何在 while 和 do-while 循环中使用 break 语句。使用 break 时应注意:

① 在 if-else 条件语句中,break 不起作用。
② 在多层循环条件下,一个 break 语句只向外跳一层。例如:

5 章 例 15:
```
main()
{
int i,j;
printf("i j\n");
for(i=0;i<4;i++)
for(j=0;j<5;j++)
{
if(j==2)break;
printf("%d %d\n",i,j);
}
}
```

输出结果为:
i j
0 0
0 1
1 0
1 1

当 i==0,j==2 时,执行 break 语句,跳出到外层的循环,i 变为 1。

(10) continue 语句

continue 语句的作用是跳过本次循环中剩余的语句而执行下一次循环。continue 语句只用在 for、while、do-while 等循环体中,continue 一般与 if 条件语句一起使用,用来加速循环。continue 的使用请看下面的例子:

5 章 例 16:
```
main()
{
int i,sum=0;
for(i=1;i<=100;i++)
{
if(i==51)continue;/* 如果 i 等于 51,则结束本次循环 */
sum+=i;/* 1+2+…+50+52+…+100 */
```

```
}
  printf("%d\n",sum);
}
```

从程序中可以看出,continue 语句只是当前的值(i＝51)没有执行,也就是说当前的值跳过去了,接着执行下次循环。

5 章　例 17:
```
main()
{
int m,n;
printf("m n\n");
for(m=0;m<2;m++)
for(n=0;n<3;n++)
{
if(n==1)continue;
printf("%d %d\n",m,n);
}
}
```

输出结果为:
m n
0 0
0 2
1 0
1 2

(11) goto 语句

在 C 语言中,goto 语句是一种无条件转移语句。goto 语句的使用格式为:goto 标号;。其中标号是 C 语言中一个有效的标识符,这个标识符加上一个":"一起出现在函数内某处。执行 goto 语句后,程序将跳转到该标号处并执行其后的语句。标号既然是一个标识符,也就要满足标识符的命名规则。通常 goto 语句与 if 条件语句连用,当满足某一条件时,程序跳到标号处运行。标号必须与 goto 语句处于同一个函数中,但可以不在一个循环层中。一般不使用 goto 语句,主要因为它将使程序层次不清、不易理解,但在多层嵌套退出时,用 goto 语句比较合理。

5 章　例 18:
```
main()
{
int sum=0,i;
for(i=1;i<=100;i++)
{
if(i==51)goto loop;/* 如果 i 等于 51,则跳出循环 */
sum+=i;/* 1+2+…+50 */
}
loop:;
```

```
printf("%d\n",sum);
}
```
可以看出,这里的 goto 语句和 break 语句的作用很类似。注意这里的:
```
loop:;
printf("%d\n",sum);
```
也可以写成 loop:printf("%d\n",sum);。

5 章　例 19:
```
main()
{
int sum=0,i;
for(i=1;i<=100;i++)
{
if(i==51)goto loop;/*如果i等于51,则跳出本次循环*/
sum+=i;/*1+2+…+50+52+…+100*/
loop:;
}
printf("%d\n",sum);
}
```
可以看出这里的 loop 语句和 continue 语句的作用类似。一般情况下不使用 goto 语句,但是某些情况下又必须使用 goto 语句,否则会让程序非常臃肿。请看下例:

5 章　例 20:
```
main()
{
int i,j,k;
printf("i j k\n");
for(i=0;i<2;i++)
for(j=0;j<3;j++)
for(k=0;k<3;k++)
{
if(k==2)goto loop;
printf("%d %d %d\n",i,j,k);
}
loop:;
}
```
输出结果为:
i j k
0 0 0
0 0 1

如果不使用 goto 语句,而使用 break 语句,代码应该如下例:

5 章　例 21:
```
main()
{
```

```
int i,j,k;
printf("i j\n");
for(i=0;i<2;i++)
{
for(j=0;j<3;j++)
{
for(k=0;k<3;k++)
{
if(k==2)break;
printf("%d %d %d\n",i,j,k);
}
if(k==2)break;
}
if(k==2)break;
}
}
```

输出结果为：

i j k

0 0 0

0 0 1

所以在同时跳出多层循环时，应该使用 goto 语句。所有的 goto 语句都可以用 break 语句或 continue 语句代替。

(12)循环语句举例：

5 章　例 22：求两个整数的最大公约数，例如 10 和 15 的最大公约数是 5。

分析：最大公约数一定小于等于最小的那个数一半，并且同时能被两数整除。

```
main()
{
int n1,n2,i,min;
scanf("%d%d",&n1,&n2);
min=n1;
for(i=min/2;i>0;i--)
if(n1%i==0&&n2%i==0)break;
printf("最大公约数为%d\n",i);
}
```

5 章　例 23：求 1!+2!+…+n!（n<10）

```
main()
{
int n,i;
long temp=1,sum=0;/*从 9! 以后，所得的值就超过了 int 范围*/
scanf("%d",&n);
for(i=1;i<=n;i++)
{
```

```
temp* = i;
sum+ = temp;/* 如果没有这一步,求的就是 n! */
}
printf("%ld\n",sum);
}
```

5 章 例 24:判断一个整数是不是素数(素数就是只能被本身和 1 整除的数)。

```
#include math.h
main()
{
int n,i,flag = 0;
scanf("%d",&n);
for(i = 2;i<= sqrt(n);i++)
{
flag = 0;/* 标志变量清零 */
if(n%i == 0)
{
flag = 1;
break;
}
}
if(flag == 0)printf("是素数\n");
else printf("不是素数\n");
}
```

在很多编程语言的教材上,都有判断素数的例题。上例的编程思想是:把一个变量作为标志变量,用来标志是不是素数;循环体是从 2 到 sqrt(n),因为如果一个数(n)不是素数的话,一定能分解成 n=n1*n2,n1 和 n2 中的最小值一定小于或等于 sqrt(n),所以循环的时候只要到 sqrt(n)就可以了。同时要注意变量清零的问题。

5.3 结构与操作

前面介绍了表达式和语句的概念,大家应该对它们的使用有了一个大概的了解。为了介绍嵌入式 C 语言的结构与操作,下面就来编写一个简单的嵌入式 C 语言程序。

1. 一个简单的嵌入式 C 语言程序

在多数情况下,在嵌入式系统中,不提供标准输入和输出的环境。一些 C 编译器提供了 stdio 库,但是输入和输出的含义是与具有管道和 shell 环境的桌面系统不同的。下面是一个同 "hello world"类似的入门程序。程序通过测试判断连接到一个控制器端口的按键是否被按下。如果按键被按下,程序打开连接到该端口的指示灯,等待一会儿,然后关闭指示灯。

5 章 例 25:

```
#include <hc705c8.h>
/*
#pragma portrw  PORTA  @0x0A;    在头文件里包括,定义 PORTA 地址
```

```
#pragma portw    DDRA   @0x8A;   在头文件里包括,定义 DDRA 地址
*/
#include <port.h>
#define ON 1
#define OFF 0
#define PUSHED 1
void wait(registera);//wait 函数原型,略去代码
void main(void){
DDRA=11111110 ;   /* pin 0 为输出,pin 1 为输入 其他无所谓 */
while(1)
{
  if(PORTA.1==PUSHED){
  wait(1);            //等一会儿,判断是一个有效的按键吗?
  if(PORTA.1==PUSHED){
  PORTA.0==ON;    //开灯
  wait(10);           //短延时
  PORTA.0==OFF;   //关灯
  }
  }
}
}
```

程序说明:

(1) 一个嵌入式 C 语言程序,通常由带有♯号的编译预处理语句开始。♯include <hc705c8.h>,<hc705c8.h>中包括 PORTA、DDRA 地址的定义。♯include <port.h>,port.h 中包括了对于端口处理的头文件。后面的三行预处理语句分别定义了 ON、OFF、PUSHED 三个符号常量。void wait(registera);此行定义了程序中使用的延时函数。

(2) main(),任何一个完整的程序都需要 main(),表示嵌入式 C 程序的入口函数。后面有一对{}把所有的语句都括在里面,表明那些语句都属于 main 函数。程序运行时从这个左大括号开始。

(3) DDRA=11111110;为 DDRA 赋了初值,其中 0 为输出,pin 1 为输入。

(4) while 循环中语句的含义详见注释中的解释。

在嵌入式 C 语言编程中还建议:

(1) 必须在程序的最开始部分定义所有用到的常量和变量,例如这里的 ON、OFF、PUSHED。

(2) 常量、变量的命名要尽量有意义,如用代表该意思的英文单词或者是汉语拼音。例如这里的 ON、OFF、PUSHED,绝对禁止用毫无干系的字母,如 a,b,c。例如下面的程序,看上去意思不明朗,时间长了,程序本身的意思就会被忘记。如果仅仅是控制程序运行,不代表实际意思时,可以用一些简单字母。

5 章 例 26:
```
main()
{
float a,b;
scanf("%f",&a);
```

```
b = 3.1416 * a * a;
printf("%f\n",b);
}
```

（3）编程采用层次书写程序的格式，要有合理的缩进，必要的时候要有空行，一行只书写一个语句。所有语句尽量不分行写，除非太长（分行时变量、运算符、格式字符等等不能拆开）。例如下面两个程序看起来就不好看了，虽然它们的功能和前面的程序是一样的。

5 章 例 27：

```
main()
{float Radius,Area;scanf("%f",&Radius);
Area = 3.1416 * Radius * Radius;printf("%f\n",Area);}
```

5 章 例 28：

```
main()
{
float Radius,Area;
scanf("%f",
&Radius);
Area = 3.1416 * Radius
* Radius;
printf("%f\n",
Area);
}
```

（4）程序在适当的地方要用/*……*/注释，它的意思表示在/**/里面的所有字符都不参加编译。一个较长的程序，经过一段时间，有些地方可能连编程者都忘记了，增加注释可以帮助恢复记忆，调试程序时，也容易找出错误。注释也可以分行写。

（5）在书写"{}"时要对齐。虽然不对齐也不影响程序运行，但对齐后方便以后检查程序，也比较美观，尤其是进行流程控制时，"{}"一定要对齐。

程序设计的方法有多种，一般性的原则包括：

（1）从问题的全局出发，写出一个概括性的抽象的描述。

（2）定义变量，选取函数，确定算法。算法的确定方法主要依靠程序员自己的经验积累，没有一定之规，遇到的问题多了，自然就会形成自己一整套的方法。

（3）按照解决问题的顺序把语句和函数在 main()里面堆砌起来。

在程序的编写过程中，一个好的 C 程序员应该做到：

（1）在运行程序之前存盘。

（2）所有在程序中用到的常量都用预处理语句在程序开头定义。

（3）所有在程序中用到的函数都在程序开头声明。

（4）变量名和函数名使用有意思的英文单词或汉语拼音。

（5）尽量少用全局变量或不用全局变量。

（6）采用层次的方式书写程序，对 for、while、if_else、do_while、switch_case 等控制语句或它们的多重嵌套，采用缩格结构。

（7）所有对应的"{}"都对齐。

(8) 尽量用 for,而不用 while 做记数循环。
(9) 尽量不用 goto 语句。
(10) 一个函数不宜处理太多的功能,保持函数的小型化、功能单一化。
(11) 一个函数要保持自己的独立性,如同黑匣子一样,单进单出。
(12) 不要省略函数的返回类型。
(13) 用 malloc() 分配内存空间时,以后一定要用 free() 释放。
(14) 打开文件后,记住在退出程序前要关闭。
(15) 要进行出错情况的处理。
(16) 要写上必要的注释。

2. C语言的重要结构——数组
(1) 数组的声明

数组就是一组同类型的数。声明数组的语法为:数组名加上用方括号括起来的维数说明。下面是一个整型数组的例子:int a[100];

这条语句定义了一个具有 100 个整型元素的名为 a 的数组。这些整数在内存中是连续存储的。数组的大小等于每个元素的大小乘上数组元素的个数。方括号中的维数表达式可以包含运算符,但其计算结果必须是一个长整型值。这个数组是一维的。下面这些声明是合法的:

int offset[6+4];
float count[7*2+6];

下面的声明是不合法的:

int n=100;
int o[n];/* 在声明时,变量不能作为数组的维数 */

(2) 用下标访问数组元素

int a[10];

上面的语句表明该数组是一维数组,里面有 10 个数,它们分别为 a[0],a[1],…,a[9]。需要注意,数组的第一个元素下标从 0 开始。

a[3]=25;上面的例子是把 25 赋值给整型数组 a 的第四个元素。在赋值的时候,可以使用变量作为数组下标,看一看下面的例子。

5 章 例 29:先输入 100 个整数,存入到数组中,然后反序输出。
```
main()
{
int i,a[100];
for(i=0;i<100;i++)scanf("%d",&a[i]);
for(i=99;i>=0;i--)printf("%d",a[i]);
printf("\n");
}
```

(3) 数组的初始化

同变量一样,数组可以在定义的时候初始化,如下例定义了一个 5 元素的 1 维数组,并赋了初值。int a[5]={1,2,3,4,5};。

在定义数组时,可以用放在一对大括号中的初始化表对其进行初始化。初始化值的个数可以和数组元素个数一样多。如果初始化值的个数多于数组元素个数,将产生编译错误;如果少于数组元素个数,其余的元素将被初始化为 0。如果维数表达式为空时,那么将用初始化值的个数来隐式地指定数组元素的个数,如下例所示:int a[]={1,2,3,4,5};。这也表明数组 array 的元素个数为 5。请看下例:

5 章 例 30:输出一个数组的元素 1 到元素 5。

```
main()
{
int i,a[]={1,3,5,7,9,11};
for(i=0;i<5;i++)printf("%d",a[i]);
printf("\n");
}
```

运行最终结果为:1 3 5 7 9。

(4) 字符数组

整数和浮点数数组比较好理解,在一维数组中,还有一类字符型数组,例如:

char c[5]={'H','E','L','L','O'};。对于单个字符,必须要用单引号括起来。又由于字符和整型是等价的,所以上面的字符型数组也可以这样表示:

char c[5]={72,69,76,76,79};/* 用对应的 ASCII 码替换单个字符 */

下面的例子,使用了一个字符数组。

5 章 例 31:显示一个字符数组的元素。

```
main()
{
int i;
char c[5]={'H','E','L','L','O'};
for(i=0;i<5;i++)printf("%d",c[i]);
printf("\n");
}
```

运行最终的输出结果为:72 69 76 76 79。

字符型数组和整型数组也有不同的地方,看下面的例子:

char c[]="HELLO";

如果能看到的话,实际上编译器是这样处理的:

char c[]={'H','E','L','L','O','\0'};

上面最后一个字符'\0',它是一个字符常量,C 编译器总是给字符型数组的最后自动加上一个'\0',这是字符的结束标志。所以虽然 HELLO 只有 5 个字符,但存入到数组的个数却是 6 个。但是,数组的长度仍然是 5,如下例:

```
int i;
i=strlen(c);/* strlen()求字符串的长度,在 string.h 里面定义 */
```

从下例中,可以看出 i 仍然是 5,表明最后的'\0'没有计算在内。

5 章 例 32:显示一个字符数组的元素。

```
#include string.h
main()
{
```

```
int i,j;
char c[] = "HELLO";
j = strlen(c);
for(i = 0;i<j;i ++)
printf("%d",c[i]);
printf("\n");
}
```

上述程序的运行结果是：HELLO。

其实我们可以根据判断'\0'来输出字符串，看下面的例子：

5 章 例 33：显示一个字符数组的元素。

```
main()
{
int i;
char c[] = "0848387helloworldrenai";
for(i = 0;c[i]! = '\0';i ++)printf("%c",c[i]);
printf("\n");
}
```

（5）数组类型编程举例

5 章 例 34：输入 10 个整数存入数组中，然后把它们从小到大排列并放在同一数组中。（提示：先找出最小的，放在第一个位置，为了防止把原先的数覆盖掉，可以把原先的第一个数和最小数的位置互换）。

```
main()
{
int c[10];
int i,j,min,stmp;
for(i = 0;i<10;i ++)scanf("%d",&c[i]);
for(i = 0;i<9;i ++)
{
min = c[i];
for(j = i + 1;j<10;j ++)
if(min>c[j])/* 条件成立则下面的语句将 c[i]和 c[j]的值互换 */
{
min = c[j];
stmp = c[i];
c[i] = c[j];
c[j] = stmp;
}
}
for(i = 0;i<10;i ++)printf("%d",c[i]);
printf("\n");
}
```

首先让第一个值作为最小值，如果后面有比它小的，那么就把这两个数互换一下，同时把最小值换成小的数。两个数互换应该通过一个中间量进行如:temp=x;x=y;y=temp;,而不能用 x=y;y=x;。这样每次把最小值放在前面的排序方法,被形象地称为冒泡排序法。

5章 例35:输入一行字符,存入数组,然后把它们反序存入到同一数组中。

```c
#include stdio.h
main()
{
char c,tmp,ca[80];
int i=0,j;
while((c=getchar())!='\n')/*注意这儿的用法*/
ca[i++]=c;
ca[i]='\0';/*为什么要加'\0'?是否可以不加?*/
for(j=i-1;j>=i/2;j--)
{
tmp=ca[j];
ca[j]=ca[i-1-j];
ca[i-1-j]=tmp;
}
for(i=0;ca[i]!='\0';i++)printf("%c",ca[i]);
printf("\n");
}
```

5章 例36:已知一个已经排好序的数组,输入一个数,利用折半法把这个数从原数组中删除,数组顺序保持不变。如原数组为 1,3,5,7,9,11,13,15,17,19,待删除的数为 13,则输出为 1,3,5,7,9,11,15,17,19。折半法含义:每次都是判断中间的数是否满足要求,若满足则删除,若不满足,则把该数当作边界,然后再找中点。例如此题,第一次找的是 10 个数的中点,为 11,发现 11<13,则找 11~19 的中点 15,发现 15>13,再找 11~15 的中点 13,正好相等,则删除。

```c
main()
{
int ca[10]={3,5,7,9,10,11,12,13,14,15};
int first=0,end=9,middle=(first+end)/2,num,i;
scanf("%d",&num);
while(ca[middle]!=num)/*注意这里面的三行代码*/
{
if(ca[middle]>num)end=middle;
else first=middle;
middle=(first+end)/2;
}
for(i=0;i<9;i++)
{
if(i>=middle)ca[i]=ca[i+1];
printf("%d",ca[i]);
```

}
printf("\n");
}

(6) 多维数组

有时需要用多维数组表示数据,例如一个电子商务网站在第一季度里各个月的收入数据就可以用二维数组来表示。定义二维数组的方法是在一维数组定义的后面再加上一个用方括号括起来的维数说明。例如:float a[4][6];定义了一个 4*6 的 float 类型的二维数组。

上面的二维数组可以看成 4 个连续的一维数组,每个一维数组具有 6 个元素。该数组在内存中的存储格式为最左边的维数相同的元素连续存储,也即按行存储。首先存储第一行 6 个元素,其次是第二行,接着是第三行,最后是第四行。

5 章　例 37:显示一个 3*3 的二维数组元素。

```
main()
{
int ia[3][3] = {1,2,3,4,5,6,7,8,9};
int i,j;
for(i=0;i<3;i++)
{
for(j=0;j<3;j++)printf("%3d",ia[i][j]);
printf("\n");
}
}
```

它的输出结果为:

1 2 3
4 5 6
7 8 9

上例说明,二维数组元素是按行存储的,可以通过 scanf 语句对数组赋值,如下例。

5 章　例 38:输入一个二维数组并显示。

```
main()
{
int ia[3][3];
int i,j;
for(j=0;j<3;j++)
for(i=0;i<3;i++)scanf("%d",&ia[i][j]);
for(i=0;i<3;i++)
{
for(j=0;j<3;j++)printf("%3d",ia[i][j]);
printf("\n");
}
}
```

当输入 1 2 3 4 5 6 7 8 9 <回车>

输出为:
1 4 7
2 5 8
3 6 9

虽然 C 语言(或嵌入式 C 语言)对处理数组的维数没有上限,但是因为高维数组很难处理,一般应尽量避免处理四维和四维以上的数组。下面看一个三维数组的例子:

5 章 例 39:给一个三维数组赋值。
```
main()
{
int ia[4][5][6];
int i,j,k;
for(i=0;i<4;i++)
for(j=0;j<5;j++)
for(k=0;k<6;k++)ia[i][j][k]=i*12+j*4+k;
}
```

这个三维数组可以看成 4 个二维数组,每个二维数组又可以看成 5 个一维数组。可以在头脑里想象成 4 个平行平面,每个平面内有 5*6 个点,所以共有 120 个元素。

(7) 字符串数组

和上面讲的数组不一样,有一类数组,是用来处理字符串的,被称为字符串数组。因为字符串数组所具有的特殊性,这里单独举例如下:

5 章 例 40:从键盘输入 10 个字符串。
```
main()
{
char str[10][10];
int i;
for(i=0;i<10;i++)scanf("%s",str[i]);
}
```

先看字符串数组的输入特性,遇到字符串输入,可以不加'&'。为什么定义的是二维数组,而输入的时候,却使用一维数组的形式?这是因为字符串在内存里的地址可以用它的名字来表示,就好像下面这种形式:
```
main()
{
char str[10];
scanf("%s",str);
}
```

上面定义的是一维数组,输入语句使用 str 变量。通过例 40 中的"%s"形式可以看出,str[i]是一个数组,所以 str 就是二维数组了。注意,scanf()函数在输入字符串时不能支持空格,看下面的例子:

5 章 例 41:scanf()函数在输入字符串时不能支持空格。
```
main()
{
```

```
char str[3][10];
int i;
for(i=0;i<3;i++)
scanf("%s",str[i]);
for(i=0;i<3;i++)
printf("%s\n",str[i]);
}
```

运行后,从键盘输入:5555

6666 7777

8888

我们是想把 5555 赋值给 s[0],6666 7777 赋值给 s[1],8888 赋值给 s[2]。可实际上编译器是这样做的,把 5555 赋值给 s[0],把 6666 赋值给[1],把 7777 赋值给 s[2]。

实际输出:

5555

6666

7777

当使用 scanf()输入字符串的时候,它会把空格当作下一个输入。在很多情况下,一行字符串肯定有空格出现,那么如何解决空格问题呢?在有空格的情况下,使用新的函数 gets()。这个函数是专门接受字符串输入的,它不受空格的影响。把上面的输入语句修改为 gets(s[i])即可。

当定义了 char str[2][8]时,输入超过 8 个字符肯定不接收,如果少于 8 个字符,计算机怎么处理呢?计算机是在每个字符串的后面自动补上'\0',作为字符串的结束标志。在填写一些可选择的内容时发现,待选的字符串都是按字母排列好的,怎么用 C 语言实现这个功能呢?在 C 语言里,字符串的排序是按照字符的 ASCII 码来进行的,如果第一个字符一样,则比较第二个,依此类推。下面看一个字符串比较的例子。

5 章 例 42:字符串比较的例子。

```
main()
{
char str1[6]="syzqrst",str2[5]="xlmnopq";
int i;
for(i=0;str1[i]!='\0'&&str2[i]!='\0';i++)
{
if(str1[i]<str2[i])
{
printf("str1<str2\n");
exit(1);
}
else if(str1[i]>str2[i])
{
printf("str1>str2\n");
exit(1);
```

```
        }
        //else ;
    }
    if(str1[i] == '\0' && str2[i] != '\0')printf("str1<str2\n");
    else if(str2[i] == '\0' && str1[i] != '\0')printf("str1>str2\n");
    else printf("str1 == str2\n");
}
```

例42的功能是比较两个字符串大小的，先比较第一个字符，如果相同，接着比较第二个字符，如果不相同，则分出大小。这样一直往后比较，直到其中某一个的字符等于'\0'为止。在这里，exit()函数的作用是退出程序。C语言中有许多经常需要的字符串处理函数，使用的时候只要调用它们即可。如 strcmp()用来比较、strcpy()用来复制等。下面举例说明它们的用法。

5章 例43：字符串函数的例子。

```
#include string.h
main()
{
    char str1[10],str2[10],str3[10];
    int k;
    gets(str1);
    gets(str2);
    k = strcmp(str1,str2);/* 比较 s1 和 s2 大小 */
    if(k == 0)printf("str1 == str2\n");
    else if(k>0)printf("str1>str2\n");
    else printf("str1<str2\n");
    strcpy(str3,str1);/* 把 s1 拷贝到 s3 */
    printf("%s\n",str3);
}
```

可以看出，比较大小时，如果 k<0,则 str1<str2；如果 k>0,则 str1>str2；如果 k=0,则 str1=str2。strcmp、strcpy 这些字符串处理函数都包含在 string.h 头文件中，所以当使用字符串处理函数时，在程序的开头，都要写上 #include <string.h>。

3. C语言中的操作——函数的定义和调用

下面介绍C语言程序的基本单元——函数。每个函数都实现某种功能，函数中包含了程序的可执行代码，每个C语言程序的入口和出口都位于函数 main()之中。main()函数可以调用其他函数，这些函数执行完毕后程序的控制又返回到 main()函数中，main()函数不能被其他函数所调用。通常把可被调用的函数称为下层(lower-level)函数。函数调用发生时，计算机转而执行被调用的函数，而调用程序则进入等待状态，直到被调用函数执行完毕。函数可以带有函数参数和返回值。

程序员一般把函数库中的函数(库函数)当作"黑箱"处理，并不关心它们内部的实现细节。一个程序中函数实现的好坏很重要，可以说一个程序的优劣集中体现在函数上。如果函数使用的恰当，可以让程序看起来有条理，容易看懂。如果函数使用的方式混乱，或者是没有使用函数，程序就会显得杂乱无章，不仅让别人无法查看，就连自己也容易晕头转向。

一般认为,如果超过100行的C语言程序中没有使用函数,那么这个程序一定非常啰嗦。

(1) 函数的定义

一个函数包括函数头和语句体两部分。函数头由下列三部分组成:函数返回值类型、函数名、参数表。一个完整的函数如下所示:

```
函数返回值类型 函数名(参数表)
{
语句体;
}
```

函数返回值类型可以是前面讲到的某个数据类型或者是某个数据类型的指针、指向结构的指针、指向数组的指针。函数名在程序中必须是唯一的,而且必须遵循标识符命名规则。函数参数表可以为空也可以有多个,在函数调用的时候,实际参数将被复制到这些参数表中。函数语句体包括局部变量的声明和可执行代码。

在前面,已经接触过库函数了,如 abs(),sqrt()。对于库函数,使用者不用知道它们的内部有什么,只要会使用它们即可。

(2) 函数的声明和调用

和使用一个变量一样,在调用一个函数之前,必须事先声明该函数的返回值类型和参数类型。有一种可以例外,就是函数的定义在调用之前,将在后面讲述。下面,看一个简单的例子。

例 44:函数的定义和调用。

```
void b();/* 函数声明 */
main()
{
b();/* 函数调用 */
}
void b()/* 函数定义 */
{
int n;
scanf("%d",&n);
printf("%d\n",n);
}
```

上述例子在 main() 的前面声明了一个函数,函数类型是 void 型,函数名为 b,无参数。然后在 main() 函数里面调用这个函数,该函数的作用很简单,就是输入一个整数然后再显示它。上例和下面这个程序的功能是一样的。

```
main()
{
int n;
scanf("%d",&n);
printf("%d\n",n);
}
```

上例实际上就是将 b() 函数里面的所有内容直接搬到 main() 函数里面。当定义在调用之前时,可以不声明函数。所以上面的程序和下面这个程序也是等价的。

```c
void b()
{
int num;
scanf("%d",&n);
printf("%d\n",n);
}
main()
{
b();
}
```

上例的函数定义在函数调用之前,所以可以不声明函数,这是因为编译器在编译的时候,已经发现 b 是一个函数名,而且 b 是无返回值类型、无参数的函数了。把所有函数的定义都放在前面并不好,一个好的程序员总是在程序的开头声明所有用到的函数和变量,目的是为了以后检查起来方便。在调用函数之前,必须先声明函数,所以下面的做法也是正确的。

```c
main()
{
void b();
b();
}
void b()
{
int n;
scanf("%d",&n);
printf("%d\n",n);
}
```

在编写函数程序的过程中,比较好的程序书写顺序是:先声明函数,然后写主函数,然后再写那些自定义的函数。main()函数可以调用别的函数,自定义的函数也可以调用其他函数,请看下面的例子。

5 章　例 45:自定义函数的调用。

```c
void c();
void d();
main()
{
c();
}
void c()
{
d();
}
void d()
{
```

```
int n;
scanf("%d",&n);
printf("%d\n",n);
}
```

main()函数先调用 c()函数,而 c()函数又调用 d()函数。在 C 语言里,对调用函数的层数没有严格的限制,可以往下调用 20 层、200 层。但是一般并不提倡调用的层数太多(递归调用除外),因为层数越多越不容易进行错误检查,会增加程序调试的难度。

在上面的例子中,使用函数后,程序变的更长,更不好理解。这个例子确实没有必要用函数来实现,但是对于某些实际问题,如果不使用函数,就会让程序变得冗长且混乱。

(3) 函数参数的传递

前面所讲的都是无参数、无返回值的函数,在实际程序中,经常使用带参数、有返回值的函数。

① 形式参数和实际参数

函数的调用值把一些具体数据作为参数传递给函数。函数定义中的参数是形式参数,函数的调用者提供给函数的参数叫作实际参数。在未调用函数之前,实际参数的值将被复制到这些形式参数中。

② 参数传递

下面是一个函数参数传递的例子。

例 46:一个函数参数传递的例子。

```
void b(int);/*注意函数声明的形式*/
main()
{
int n;
scanf("%d",&n);
b(n);/*注意调用形式*/
}

void b(int n_vir)/*注意形式参数的定义*/
{
printf("%d\n",n_vir);
}
```

在主函数中,先定义一个变量 n,然后输入这个值,在 b()这个函数中输出。当程序运行 b(n);这一步时,把 n 的值赋值给 n_vir,在运行程序过程中,把实际参数的值传给形式参数,这就是函数参数的传递。如果形参和实参的个数多于一个,函数声明、调用、定义的形式都要一一对应,不仅个数要对应,参数的数据类型也要对应。请看下面的例子。

例 47:一个函数中多个参数传递的例子。

```
void b(int,float);
main()
{
int n1;
float n2;
```

```
scanf("%d",&n1);
scanf("%f",&n2);
b(n1,n2);
}

void b(int n1_vir,float n2_vir)
{
printf("%d,%f\n",n1_vir,n2_vir);
```

在上面的例子中,函数有整型和浮点型一共两个参数。如果函数有多个参数,那么在声明、调用、定义的时候,不仅个数要一样,类型也要对应。存在任何的不对应,就可能出现编译错误,即使编译没错误,也有可能在数据传递过程中出现错误。再看一个例子。

5 章　例 48:函数的参数传递 1。

```
void b(int);
main()
{
int n;
scanf("%d",&n);
b(n);
}
void b(int n)
{
printf("%d\n",n);
```

看上面的例子,形式参数和实际参数的标识符都是 n,程序把实际参数 n 的值传递给形式参数 n。大家可能会问:既然两个数都是 n,为什么还要传递呢?能否像下面这样使用呢?

5 章　例 49:函数的参数传递 2。

```
void b();
main()
{
int n;
scanf("%d",&n);
b();
}
void b()
{
int n;
printf("%d\n",n);
}
```

上述的函数调用是完全达不到函数参数传递的目的。这涉及标识符作用域的问题,作用域定义了哪些变量在哪些范围内有效。一个标识符在一个语句块中声明,那么这个标识符仅在当前和更低的语句块中可用,在函数外部的其他地方不可用,其他地方同名的标识符不受影响。在上述例子中,在 main()中的 n 和在 b()中的 n 作用域不同,完全是两个量,因此上述的函数调用是完全达不到函数参数传递的目的的。前面讲的都是变量与变量之间的值传递,除此以外函数也可以进行数组数值的传递。请看下面的例子。

5 章 例 50:数组之间的数值传递。

```
void b(int []);
main()
{
int a[5],i;
for(i=0;i<5;i++)scanf("%d",&a[i]);
b(a);
}

void b(int a[])
{
int i;
for(i=0;i<5;i++)printf("%d\t",a[i]);
printf("\n");
}
```

上例展示的是数组之间的值传递。请注意它们的声明和定义形式,想一下这和变量参数传递有什么区别。函数参数传递的时候,有了后面的[]就表明传递的是一个数组,在定义的时候,也可以写成 void b(int a[5]);。想一想,如果把其中的 int a[5]写成了 int a[4]会发生什么情况。当函数参数是指针、结构类型时,函数也可以传递它们的值。

(4) 函数值的返回

如果一个函数具有返回值,就要给它定义返回值的类型。在很多情况下,函数需要具有返回值。例如,现在要求在 main()函数里输入一个整数作为正方形的边长,在子函数里求正方形的面积,然后再在主函数里输出这个面积。以前的程序例子输出都在子函数中进行,现在要求在主函数里输出,这就需要把算好的值返回到 main()函数。下面看一看这个例子。

5 章 例 51:函数的返回值 1。

```
int b(int);/*声明函数*/
main()
{
int n,area;
scanf("%d",&n);
area=b(n);/*调用时的形式*/
printf("%d",area);//输出面积值
}

int b(int n)
{
int area_ret;
area_ret=n*n;
```

```
return area_ret;/*返回一个值*/
}
```

这个例子和前面的程序的不同之处有以下几点：

（1）声明函数类型是 int 不是 void。这是由于最后要求的面积是整型的，所以声明函数的返回值类型是整型。

（2）函数中有 return 语句，它的意思就是返回一个值。在 C 语言中，return 语句一定要在函数的最后一行。

（3）在上例中调用函数的时候，由于需要使用函数的返回值，所以要用变量接受这个返回值。如果不使用函数的返回值，就不需要接受这个值，但是函数还会照样返回。

上面的例子运行过程是这样的，先输入 n 这个数，再调用 b(n) 把实参的值传递给形参，然后在 b 子函数里计算面积得到 area_ret，然后返回这个面积到主函数，接着把 area_ret 赋值给 area，最后输出。返回值不一定非要用一个变量来接受，可以把上面的程序简化如下。

5 章　例 52：函数的返回值 2。

```
int b(int);
main()
{
int n;
scanf("%d",&n);
printf("%d",b(n));/*函数调用放在这儿*/
}

int b(int n)
{
int area_ret;
area_ret = n * n;
return area_ret;
}
```

这样函数返回的值就可以直接输出了，上面的例子还可以再简化如下。

5 章　例 53：函数的返回值 3。

```
int b(int);
main()
{
int n;
scanf("%d",&n);
printf("%d",b(n));
}
int b(int n)
{
return n * n;/*直接在这里返回*/
}
```

一般而言，一个函数只能返回一个值，如果想返回一组数值，就要使用数组、结构或者指针类型。实际上对于这些数据类型,还是返回一个值,只是这个值是一个地址而已。数组的返回形式和变量不同,因为数组是和地址联系在一起的。请看下面的例子。

5章 例54:数组作为参数的函数调用。

```
void b(int []);
main()
{
int ar[5]={6,7,8,9,0},i;
b(ar);
for(i=0;i<5;i++)printf("%d",ar[i]);
}
void b(int ar[])
{
int i;
for(i=0;i<5;i++)ar[i]++;
}
```

程序的运行结果为:7 8 9 10 1。

在这个程序中,虽然函数没有返回值,但是函数的功能的确实现了,在主函数当中输出的值,都是原数组的值加1。这就说明数组在值传递过程中和变量不同,数组传递的是地址而变量传递的只是数值。下面再看一个例子,加深对函数的理解。

5章 例55:用函数实现,判断一个整数是不是素数,在主函数里输入、输出,在子函数里进行判断。

```
#include math.h
int jnum(int);
main()
{
int n,res;
scanf("%d",&n);
res=jnum(n);
if(res==1)printf("yes\n");
else printf("no\n");
}

jnum(int n)
{
int i,flag=1;
for(i=2;i<=sqrt(n);i++)
if(n%i==0)
{
flag=0;
break;
}
return flag;
}
```

编写函数的目的就是为了让程序看起来有条理,一个函数实现一个特定的功能。如果把所有代码都放在 main() 函数里,程序就会显得十分臃肿了。函数还有一个明显的好处就是使用起来非常方便。这里的 jnum() 函数可用来判断一个数是不是素数,如果以后还要判断某个数是不是素数,就可以直接使用这个函数了。可以把下面的代码:

```
jnum(int n)
{
int i,flag=1;
for(i=2;i<=sqrt(n);i++)
if(n%i==0)
{
flag=0;
break;
}
return flag;
}
```

保存为 jnum.h 文件,放到 include 目录里面。以后就可以直接使用 jnum 这个函数了,就好像使用 abs()、sqrt() 这些函数一样方便。jnum 函数的使用如下例。

5 章　例 56:使用 jnum 函数。

```
#include math.h/* 必须引用它 */
#include jnum.h
main()
{
int n,res;
scanf("%d",&n);
res=jnum(n);
if(res==1)printf("yes\n");
else printf("no\n");
}
```

上面的例子在程序中使用了函数 jnum,这是自定义的一个库函数。程序的第一行要包含 math.h 文件,这是因为在 jnum.h 里面使用了 sqrt() 函数。为了方便,可以把 math.h 放到 jnum.h 里面,也就是在 jnum.h 文件的第一行加上 include math.h,这样在主程序中就不需要包含 math.h 了。

编程实际用到的一些程序,可能代码有上千行,这些代码不可能放在一个 *.c 文件中,所以程序员经常把一些功能做成 *.h 的文件形式,然后在主程序中包含这些文件。通过这种方法把一个大程序分割成几个小块,不仅浏览方便,对以后的程序修改也有很多好处。

在使用 C 语言进行嵌入式开发时应该养成这样的习惯,把一些经常使用的功能做成库函数的形式保存下来。这样做开始会觉得很麻烦,以后就会发现,一个几千行的大程序,有一大半的功能都已经有了现成的库函数,直接调用就可以了。这样不仅会大大缩短程序的开发周期,而且能够提高编程的质量。

第 6 章 ARM 系列芯片实验

英国的 ARM 公司是一家专门从事基于 RISC 技术芯片设计开发的公司。由于具有工艺成熟、主频高、功效低、代码密度高、开发工具多、兼容性好等特点,目前 ARM 系列处理器已占据大部分市场份额,其应用遍及工业控制、电子产品、通信系统、网络系统、无线系统等各类嵌入式领域。学习嵌入式 C 语言及 ARM 系列芯片编程首先要学习 ADS 集成开发环境。

ADS 是一个使用方便的集成开发环境,全称是 ARM Developer Suite。它是由 ARM 公司提供的专门用于 ARM 相关应用开发和调试的综合性软件。在功能和易用性上比较 SDT 都有提高,是一款功能强大又易于使用的开发工具。以下对 ADS 进行一些简要的介绍。

ADS 囊括了一系列的应用,并有相关的文档和实例的支持。使用者可以用它来编写和调试各种基于 ARM 家族 RISC 处理器的应用。使用者可以用 ADS 来开发、编译、调试采用包括 C、C++和 ARM 汇编语言编写的程序。

ADS 主要由以下部件构成:(1)命令行开发工具;(2)图形界面开发工具;(3)各种辅助工具;(4)支持软件。其中重点介绍一下图形界面开发工具。(1)AXD 提供基于 Windows 和 UNIX 使用的 ARM 调试器。它提供了一个完全的 Windows 和 UNIX 环境来调试 C、C++和汇编语言级的代码。(2)CodeWarrior IDE 提供基于 Windows 使用的工程管理工具。它的使用使源码文件的管理和编译工程变得非常方便。但 CodeWarrior IDE 在 UNIX 下不能使用。下面以 ADS1.2 为例介绍一下 ADS 集成开发环境的安装与使用。

6.1 ADS 软件的安装与使用

6.1.1 ADS1.2 集成开发环境的安装

(1) 打开 ADS1.2 的文件夹,双击 SETUP.EXE。安装界面如图 6-1 所示,选择 Next 继续。

(2) 选择 YES,同意安装许可协议,如图 6-2 所示。

(3) 选择安装路径,安装到适当的地方,保证空间足够(不小于 200 M),默认路径是 C:\Program Files\ARM,选择 Next 继续,如图 6-3 所示。

(4) 选择完全安装 Full 的方式,点击 Next 继续,如图 6-4 所示。

(5) 连续点击 Next 继续,如图 6-5、图 6-6、图 6-7 所示。

(6) 开始安装,界面如图 6-8 所示。

(7) 选择【下一步】,如图 6-9 所示。

(8) 选择 Install License 项,如图 6-10 所示。点击【下一步】,如图 6-11 所示。

(9) 在图 6-11 中,输入 Temporary License Code 或点击 Browse 找到所对应的 License File 单击【下一步】,再点击【完成】,完成整个安装过程。

图 6-1　ADS 安装启动

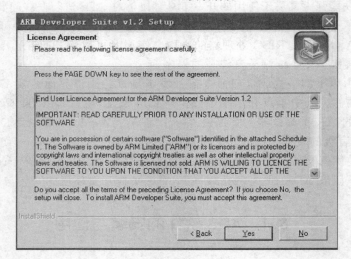

图 6-2　ADS 安装选择同意安装许可协议

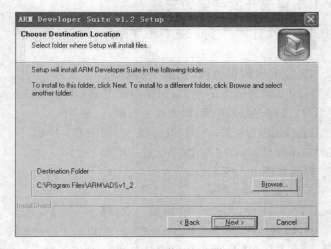

图 6-3　ADS 安装选择安装目录

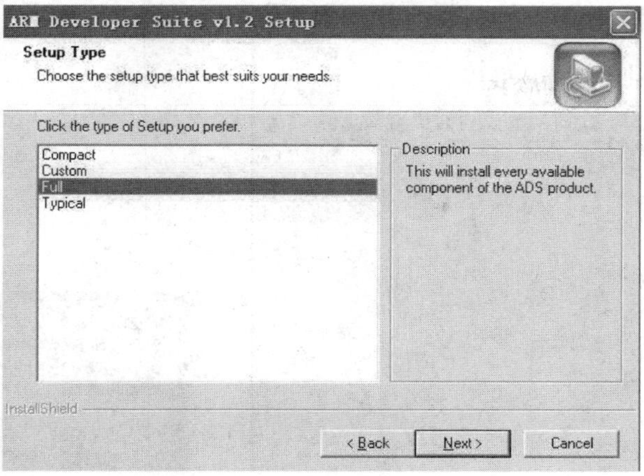

图 6-4　ADS 安装选择安装方式

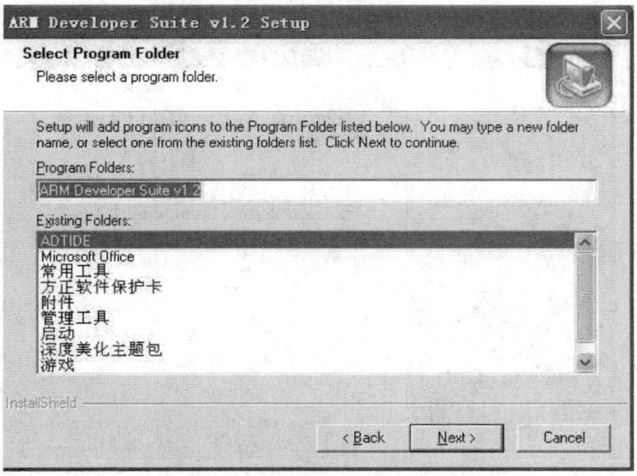

图 6-5　ADS 安装选择安装文件夹

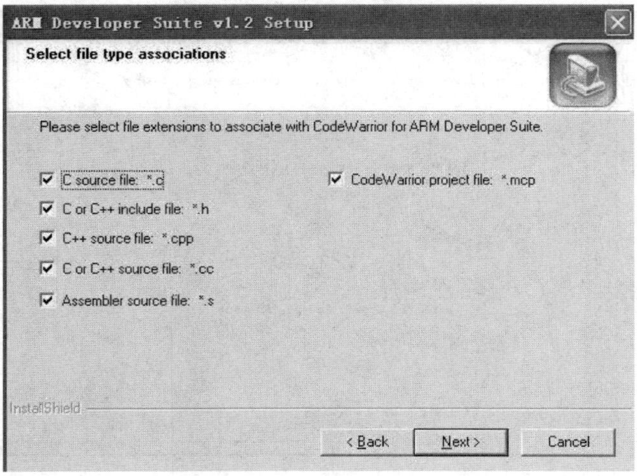

图 6-6　ADS 安装选择文件类型

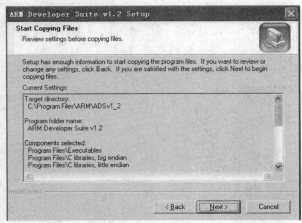

图 6-7　ADS 安装开始拷贝文件　　　　　图 6-8　ADS 安装进度显示

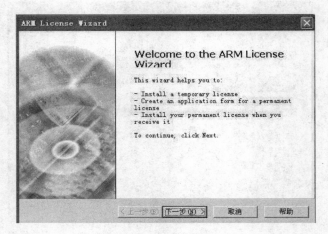

图 6-9　ADS 安装许可证

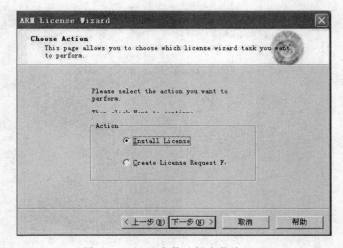

图 6-10　ADS 安装选择安装许可证

第6章 ARM系列芯片实验

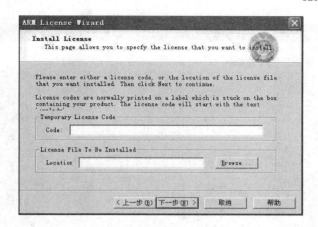

图 6-11　ADS 安装输入许可证代码

6.1.2　使用 ADS 创建工程

可以通过【开始】|【程序】|ARM Developer Suite v1.2|CodeWarrior for ARM Developer Suite 来打开开发软件,如图 6-12 所示。

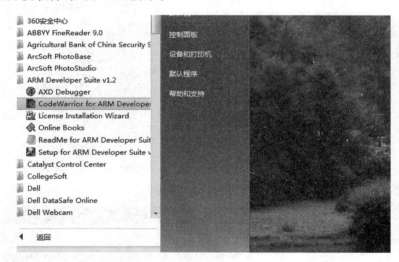

图 6-12　选择 CodeWarrior

启动 Metrowerks CodeWarrior for ARM Developer Suite v1.2 后界面如图 6-13 所示。

使用 CodeWarrior 新建一个工程的方法有两种,可以在工具栏中单击 New 按钮,如图 6-14 所示。也可以在 File 菜单中选择 New 菜单,如图 6-15 所示。

打开一个如图 6-16 所示的窗口。此窗口中有 Project、File 和 Object 三个选项卡,现在要新建工程,所以选 Project 选项卡。Project 选项卡为用户提供了 7 种可选择的工程类型。此 7 种工程类型已经在图中标出,这里选择第一种 ARM Executable Image 工程类型,在 Project name:下输入工程名,如 Ex1,点击 Location:文本框的 Set 按钮,浏览选择想要将该工程保存的路径。如存放在 D 盘的 ARM\Ex1 文件夹中,进入 D 盘后按照图 6-17,图 6-18 的步骤完成。

159

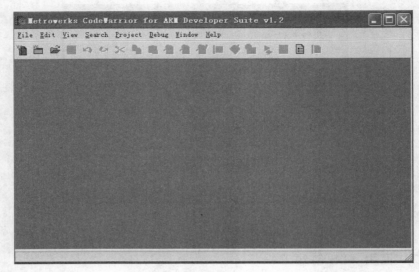

图 6-13 打开 CodeWarror

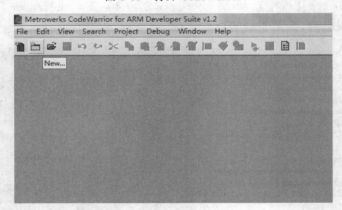

图 6-14 从工具栏中单击 New

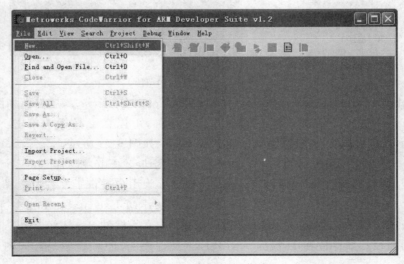

图 6-15 点击 New 菜单

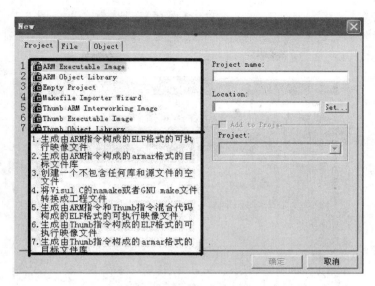

图 6-16　选择 ARM Executable Image 工程类型

图 6-17　浏览选择想要将该工程保存的路径

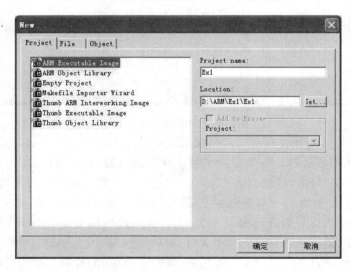

图 6-18　单击【确定】按钮即可建立一个新的名为 Ex1 的工程

输入文件名后，双击 Ex1 文件夹再单击【保存】按钮，就会出现图 6-18 所示界面，此时点击【确定】按钮即可建立一个新的名为 Ex1 的工程，这个时候会出现 Ex1.MCP 的窗口，如图 6-19 所示。

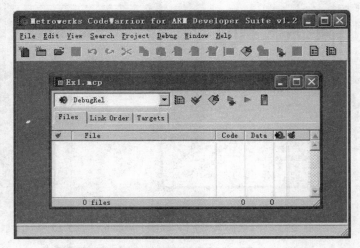

图 6-19　所创建的 EX1 工程

此时单击【最大化】按钮可以将 ex1.mcp 窗口扩大，如图 6-20 所示。

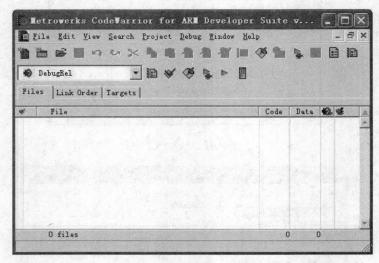

图 6-20　前图点击最大化按钮

如图 6-21 所示，添加含有启动代码和头文件的文件夹 LPC21XX，并复制到 Ex1 目录下。LPC2100 系列芯片基于一个支持实时仿真和跟踪的 16/32 位 ARM7TDMI-S CPU，并带有 128/256 K 字节嵌入式的高速 Flash 存储器。128 位宽度的存储器接口和独特的加速结构使 32 位代码能够在最大时钟速率下运行。其对代码规模有严格控制的应用可使用 16 位 Thumb 模式将代码规模降低超过 30%，而性能的损失却很小。由于 LPC2100 系列采用非常小的 64 脚封装、极低的功耗、多个 32 位定时器、4 路 10 位 ADC、PWM 输出以及多达 9 个外部中断，这使它们特别适用于工业控制、医疗系统、访问控制和电子收款机等应用领域。由于内置了宽范围的串行通信接口，它们也非常适合于通信网关、协议转换器、嵌入式软件调制解调器以及其他各种类型的应用。后续的 LPC2100 系列产品还将提供以太网、802.11 以及 USB 功能。

图 6-21　添加含有启动代码和头文件的文件夹 LPC21XX

如图 6-22 所示,拖动 LPC21XX 文件夹图标到工程窗口内。

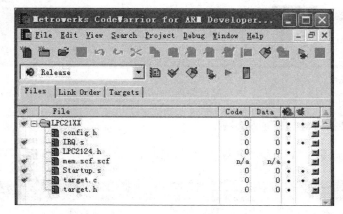

图 6-22　拖动 LPC21XX 文件夹图标到工程窗口内

如图 6-23、图 6-24 所示,添加 main.c 文件。

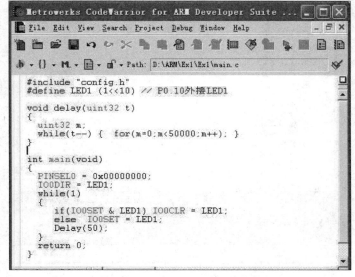

图 6-23　添加 main.c 文件代码

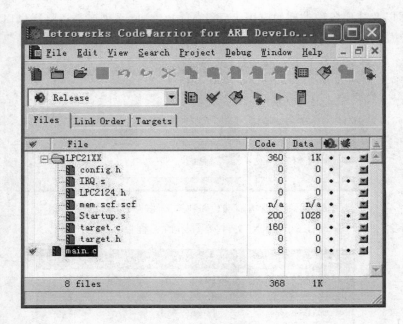

图 6-24　添加 main.c 文件目录

6.1.3　设置工程目标及参数

接下来需要设置工程目标及参数。用于选择目标的下拉列表框位于工具栏中，如图 6-25

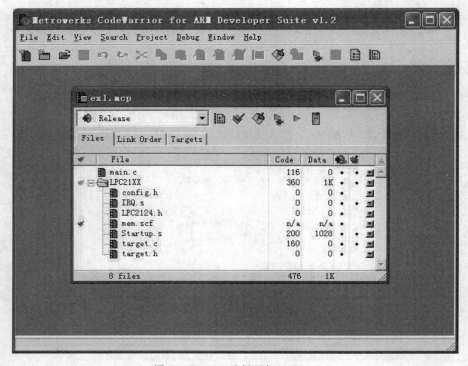

图 6-25　ADS 选择目标 Release

所示。新建工程的默认目标是 DebugRel，另外还有两个可选择的目标，分别是 Debug 和 Release。当使用 DebugRel 生成目标时，为每一个源文件生成调试信息；使用 Release 生成目标时，不生成调试信息（Proteus 仿真时用这个选项）；使用 Debug 生成目标时，为每一个源文件生成最完全的调试信息。

首先选择 Release，接下来对 Release 目标进行参数设置。单击工具栏上的设置按钮或使用 Edit|Release Settings 菜单命令打开设置对话框，方法如图 6-26 所示，设置对话框如图 6-27 所示。

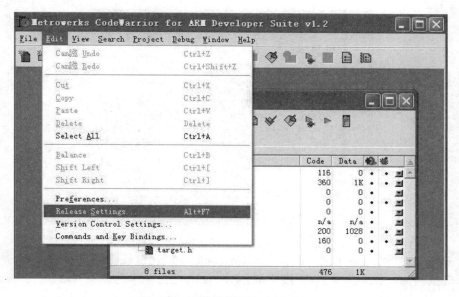

图 6-26　菜单选择 Release Settings

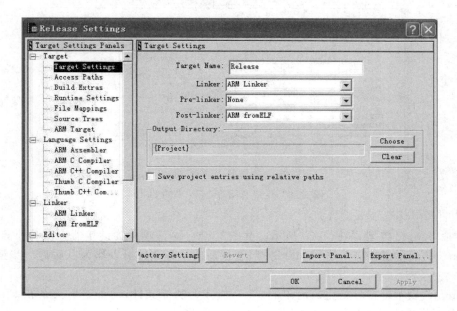

图 6-27　设置 Release Settings 参数

在 Release Setting 对话框中有很多需要设置的内容。设置方法是先在左侧的树形目录中选中需要设置的对象,然后在右侧面板中进行相应的设置。下面对经常使用的设置选项进行介绍。

1. 目标设置(Target Setting)

在树形目录中选择 Target|Target Setting 项,在右侧面版的 Post-linker 下拉表框中选中 ARM fromElF,这样工程连接后通过 fromElF 产生二进制代码,并可以烧写到 ROM 中,如图 6-28 所示。

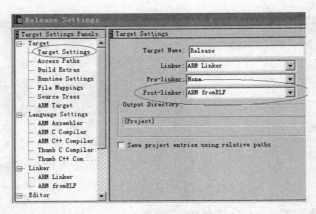

图 6-28　设置 Target Setting

2. 链接器设置(Linker)

在左侧的树形目录中选择 Linker|ARM Linker,出现链接器的设置对话框,如图 6-29 所示。链接器的设置非常重要,下面详细介绍一下各个选项卡的设置方法。

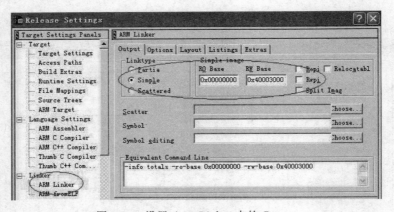

图 6-29　设置 Arm Linker 中的 Output

(1) Output 选项卡设置

选择 Simple 类型,如图 6-29 所示。其中 Linktype 选项中为链接器提供 3 种链接类型。

Partial:表示链接器只进行部分链接,链接后的目标文件可以作为以后进一步链接的输入文件;

Simple:表示链接器将生成简单的 ELF 格式的映像文件,地址映射关系在 Simple image 选项区域中设置;

Scattered:表示链接器将生成复杂的 ELF 格式的映像文件,地址映射关系在 Scatter 格式的文件中指定。

Simple image 选项区域中包含 RO Base 和 RW Base 两个文本框。

RO Base：用来设置程序代码存放的起始地址。

RW Base：用来设置程序数据存放的起始地址。

上面这两项的地址均由硬件决定，地址要在 SDRAM 的地址范围内。在 RO Base 文本框中输入 0x00000000，RW Base 文本框中的内容由用户自定义，只要保证在 SDRAM 地址空间内，并且是字对齐即可，这里设定为 0x40003000。0x00000000 用来存放程序代码，从 0x40003000 开始用来存放程序数据。

（2）Options 选项卡设置

对 Options 选项卡的设置如图 6-30 所示。在此选项卡中，只对 Image entry point 进行设置，该项是程序代码的入口地址。

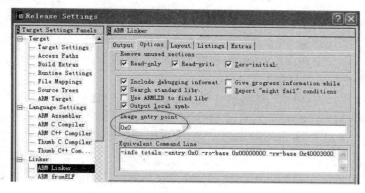

图 6-30　设置 Arm Linker 中的 Options

（3）Layout 选项卡设置

如图 6-31 所示，该选项卡在链接方式为 Simple 时有效，Layout 选项卡用来安排一些输入段在映像文件中的位置。配置方法为在 Place at beginning of image 区域中 Object/Symbol 文本框中填写启动程序的目标文件名 Startup.o，在 Section 文本框中填写 Vectors。其作用是通知编译器，整个项目从该段开始执行。

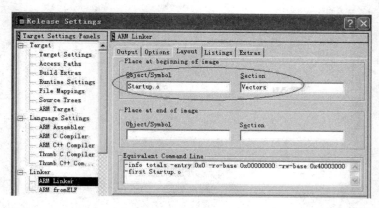

图 6-31　设置 Arm Linker 中的 Layout

如图 6-32 所示，如果需要将编译生成的二进制文件存放到指定文件夹，可以在左侧的树形目录中选中 Linker—ARM frpmELF 进行设置，将默认在工程目录下生成 Hex 文件。

该二进制文件可用于以后下载到 Flash(实验箱等硬件或 Proteus 仿真软件)中执行。

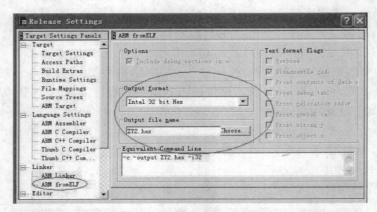

图 6-32　设置 Arm fromELF

到此为止,对 Release Settings 的设置基本完成,单击 Apply|OK 按钮,保存设置。编译后,生成的 Hex 文件和 XX_Data 将保存到选项名对应的目录中。

(4) 保存新建的工程模板

为了避免以后每次新建工程都这样设置,可以将该新建的空工程作为模板保存起来。保存的方法是在 ADS1.2 的安装目录的 Stationary 文件夹下新建一个适合此模板的目录名,如 S3C2410 ARM Executable Image;然后将刚设置好的工程文件以一个适合的名字如 S3C2410.mcp 另存到该模板目录中即可。以后使用 File|New 菜单命令新建工程时就可以在弹出的 New 对话框中看到 S3C2410 ARM Executable Image 工程模板,如图 6-33 所示。

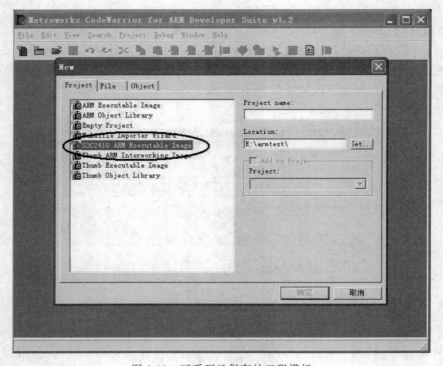

图 6-33　可看到已保存的工程模板

选用该模板创建工程就可以免去设置过程,直接向工程中添加文件、进行编译就可以了。

6.1.4 编译生成.hex 文件

编译生成.hex 文件需要将建立并配置好工程参数的 ex1.mcp 工程打开,然后选择 release 编译选项,并单击 Make 图标,如图 6-34 所示。

图 6-34 编译生成.hex 文件

如果有编译错误,需要改错后重新 Make。如果如图 6-35 所示,说明编译成功,且生成了 hex 文件。

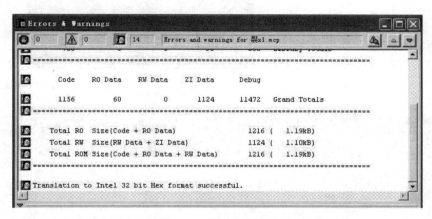

图 6-35 编译成功提示

如图 6-36 所示,打开 Ex1 文件夹出现了一个新的文件夹 Ex1_Data,再打开 Ex1_Data 下的 Release,找到 Ex1.hex。记住该文件位置,以便仿真时使用。

图 6-36 编译结果文件夹

6.2 使用 Proteus 建立 ARM 仿真电路

打开 Proteus 仿真软件,如图 6-37、图 6-38 所示。
接下来,如图 6-39、图 6-40、图 6-41 所示添加 LPC2124 芯片、电阻、LED 及电源。

基于 Proteus 的微机接口实训

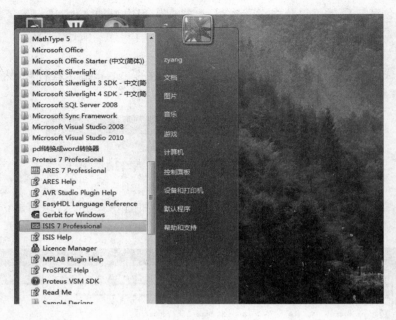

图 6-37 选择 Proteus 软件

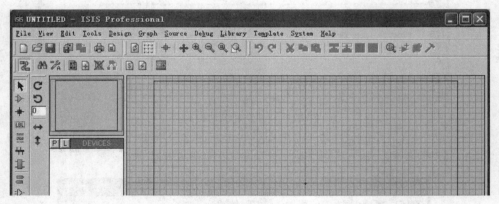

图 6-38 打开 Proteus 软件

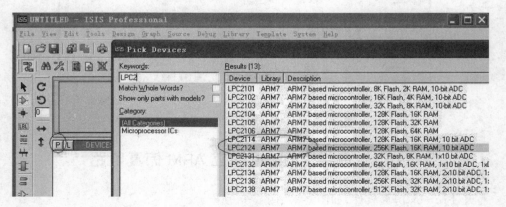

图 6-39 添加 LPC2124

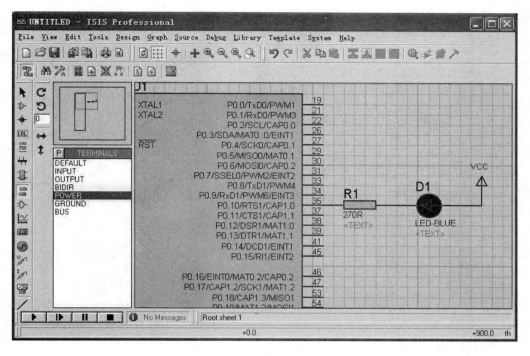

图 6-40　添加电阻及 LED

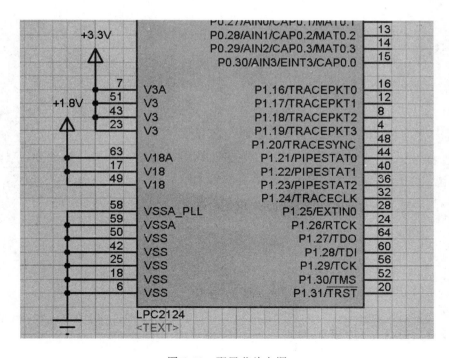

图 6-41　配置芯片电源

接下来,如图 6-42 所示,设置 LPC2124 的属性,添加 Ex1.hex 到芯片。

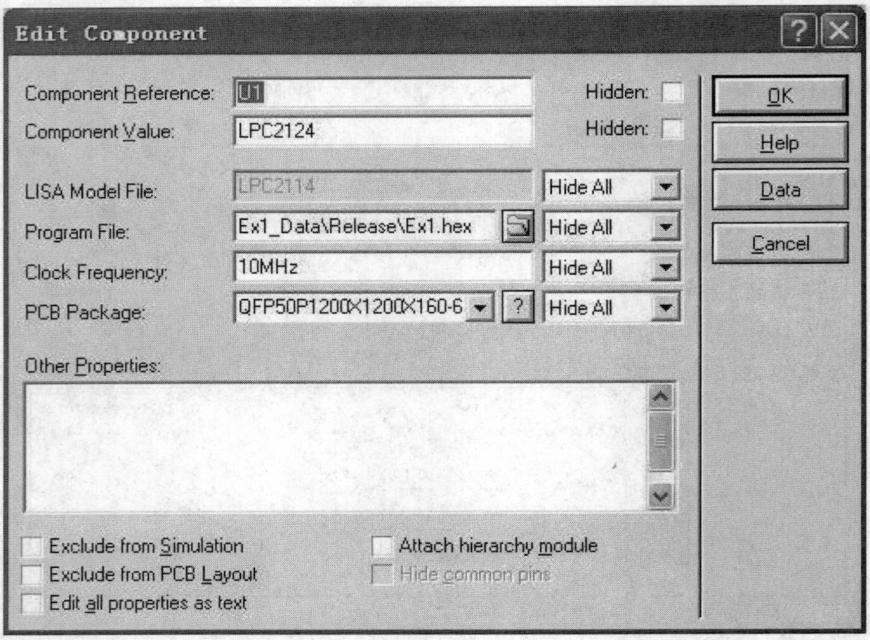

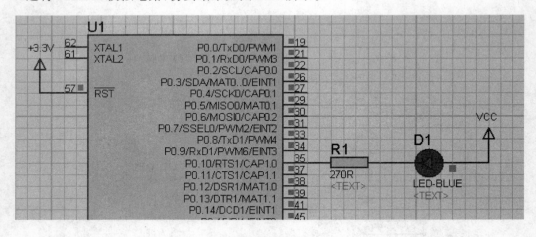

图 6-42　设置 LPC2124 属性

运行 Proteus 模拟电路,仿真结果如图 6-43 所示。

图 6-43　仿真结果

6.3　嵌入式 C 语言与 ARM 系列芯片实验

6.3.1　LPC 芯片控制蜂鸣器及示波器

1. 实验要求

蜂鸣器就是接入电流(交流或直流的饿蜂鸣器接入相应的电流电压),就会发出蜂鸣器自带的声音,一般用于提示及警示作用。本实验电路图如图 6-44 所示,要求编程实现示波器隔一段时间有一个为 1 的跳变,蜂鸣器发出声音。

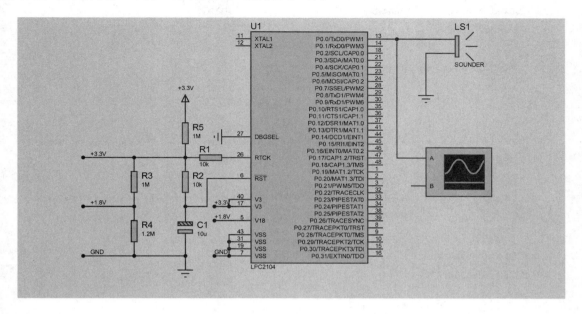

图 6-44 LPC 芯片控制蜂鸣器及示波器实验电路

2. 实验目的

(1) 了解 LPC2104 芯片(ARM7 系列)常用的端口连接方法。

(2) 掌握使用 LPC2104 芯片进行数据输出的编程方法。

3. 实验步骤

(1) 打开 Proteus 软件,创建 6.3.1.DSN 文件。

(2) 按照图 6-44 选择器件并连线。

(3) 设计实现实验要求的流程图。

(4) 编写实现实验要求的嵌入式 C 语言程序,并完成编译及连接。

(5) 使用 Proteus 进行仿真运行并观察结果。

4. 实验参考程序

main.c

```
/*******************************************************
* 功能:延迟蜂鸣器启动
* 说明:使用外部 11.0592MHz 晶振,不使用 PLL
********************************************************/
#include  "config.h"

/*******************************************************
* 名称:DelayNS()
* 功能:软件延时
* 入口参数:duration 延时参数,值越大,延时越久
```

*出口参数:无
**/

```
void    DelayNS(uint32 duration)
{   uint32   i;

    for(;duration>0;duration--)
        for(i=0;i<500;i++);
}
```

/***
*名称:main()
*
***/

```
int    main(void)
{
IODIR = 0x00000001;
IOCLR = 0x00000001;
while(1)
    {
    DelayNS(500);
    IOSET = 0x00000001;
    DelayNS(500);
    IOCLR = 0x00000001;
    }
}
```

6.3.2 中断及开关控制实现加减计数

1. 实验要求

本实验电路图如图 6-45 所示,要求编程实现初始化两个 LED 显示器初始值为 AA。从上到下第 1 个开关按 1 次实现减 1 运算,如果 LED 显示器为 00,再按下后 LED 显示器为 FF。第 2 个开关按下后对两个 LED 显示器置 0,第 3 个开关按后实现加 1 运算。

2. 实验目的

(1) 了解 LPC2104 芯片(ARM7 系列)常用的端口连接方法。

(2) 掌握使用 LPC2104 芯片进行中断控制的编程方法。

3. 实验步骤

(1) 打开 Proteus 软件,创建 6.3.2.DSN 文件。

(2) 按照图 6-45 选择器件并连线。

(3) 设计实现实验要求的流程图。

(4) 编写实现实验要求的嵌入式 C 语言程序,并完成编译及连接。

(5) 使用 Proteus 进行仿真运行并观察结果。

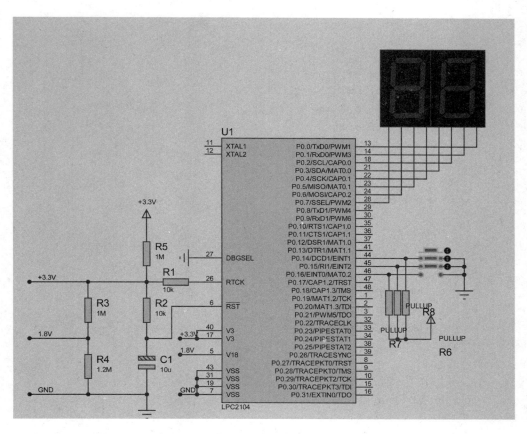

图 6-45　中断及开关控制实现加减计数实验电路

4. 实验参考程序

main.c

```
#include "config.h"
uint8 temp=0xaa;
/**************************************************************
* 名称:DelayNS()
* 功能:软件延时
* 入口参数:duration 延时参数,值越大,延时越久
* 出口参数:无
**************************************************************/
void  delay(uint32 duration)
{   uint32  i;

    for(;duration>0; duration--)
        for(i=0; i<500; i++);
}


_inline void enable_irq()
```

```c
    {
        uint8 tmp;
        _asm
            {
                MRS tmp,CPSR
                BIC tmp,tmp,#0x80
                MSR CPSR_c,tmp
            }
    }

_inline void disable_irq()
    {
        uint8 tmp;
        _asm
            {
                MRS tmp,CPSR
                ORR tmp,tmp,#0x80
                MSR CPSR_c,tmp
            }
    }

void _irq int1(void)
    {
        temp++;
        while(EXTINT&(1<<0))
            EXTINT=1<<0;
        IOCLR=0x000000ff;
        IOSET=temp;
        VICVectAddr=0;
    }

void _irq int2(void)
    {
        temp--;
        while(EXTINT&(1<<1))
            EXTINT=1<<1;
        IOCLR=0x000000ff;
        IOSET=temp;
        VICVectAddr=0;
    }

void _irq int3(void)
    {
```

```
                temp = 0;
                while(EXTINT &(1<<2))
                    EXTINT = 1<<2;
                IOCLR = 0x000000ff;
                IOSET = temp;
                VICVectAddr = 0;
                }

    /************************************************************
     * 名称:main()
     * 功能:
     ***********************************************************/
    int   main(void)
            {
    PINSEL0 = 0xa0000000;
    PINSEL1 = 0x00000001;
    IODIR = 0x000000ff;
    IOCLR = 0x000000ff;
    IOSET = temp;
    VICIntSelect = 0;
    VICIntEnable = 0x0001c000;
    VICVectCntl0 = 0x0000002e;
    VICVectCntl1 = 0x0000002f;
    VICVectCntl2 = 0x00000030;
    VICVectAddr0 = (int)int1;
    VICVectAddr1 = (int)int2;
    VICVectAddr2 = (int)int3;
    EXTINT = 0x07;
    enable_irq();
    while(1);
/*          {if(EXTINT & 0x07)
                {temp++ ;
        while(EXTINT & 0x07)
        EXTINT = 0x07;
                IOCLR = 0x000000ff;
    IOSET = temp;}}  */
            }
```

6.3.3 LED 显示及加减计数

1. 实验要求

本实验电路图如图 6-46 所示。要求编程实现初始化两个 LED 显示器设置为 00,从上到下第 1 个开关按 1 次实现从 0 加 1 计数运算,加到 FF,再加为 00。第 2 个开关实现减 1

计数,减到00时再减为FF。

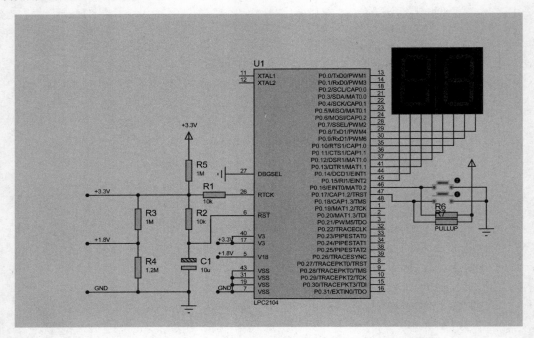

图6-46　LED显示及加减计数实验电路

2. 实验目的

(1) 了解LPC2104芯片(ARM7系列)常用的端口连接方法。

(2) 掌握使用LPC2104芯片进行中断控制及LED显示器的编程方法。

3. 实验步骤

(1) 打开Proteus软件,创建6.3.3.DSN文件。

(2) 按照图6-46选择器件并连线。

(3) 设计实现实验要求的流程图。

(4) 编写实现实验要求的嵌入式C语言程序,并完成编译及连接。

(5) 使用Proteus进行仿真运行并观察结果。

4. 实验参考程序

main.c

```
/*****************************************************************
* File:main.c
* 说明:使用外部11.0592MHz晶振,不使用PLL,Fpclk = 1/4 Fcclk。
*****************************************************************/
#include  "config.h"


/*****************************************************************
* 名称:DelayNS()
* 功能:软件延时
* 入口参数:duration 延时参数,值越大,延时越久
```

*出口参数:无
**/

```
void   delay(uint32 duration)
{   uint32   i;

    for(;duration>0;duration--)
      for(i=0;i<500;i++);
}



int main(void)
    {
    uint16 temp=0;
    IODIR=0x0000ff00;
    IOCLR=0x0000ff00;
    while(1)
        {
        if((IOPIN&0x00030000)!=0x00030000)
            delay(5);
        if((IOPIN&0x00030000)!=0x00030000)
            {
            if((IOPIN&0x00030000)==0x00020000)
                temp++;
            if((IOPIN&0x00030000)==0x00010000)
                temp--;
            while((IOPIN&0x00030000)!=0x00030000);
            IOCLR=0x0000ff00;
            IOSET=temp<<8;
            }
        }
    }
```

6.3.4　LPC芯片控制32盏彩灯阵列的显示

1. 实验要求

本实验电路图如图6-47所示,要求编程实现在LPC2104控制下32盏彩灯阵列的随机显示。

2. 实验目的

(1) 了解LPC2104芯片(ARM7系列)常用的端口连接方法。

(2) 掌握使用LPC2104芯片进行彩灯阵列控制的编程方法。

3. 实验步骤

(1) 打开Proteus软件,创建6.3.4.DSN文件。

(2) 按照图6-47选择器件并连线。

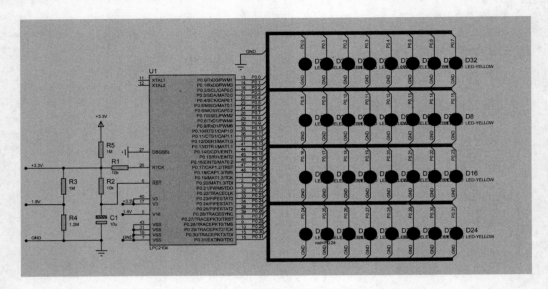

图 6-47　LPC 芯片控制 32 盏彩灯阵列的显示实验电路

（3）设计实现实验要求的流程图。

（4）编写实现实验要求的嵌入式 C 语言程序，并完成编译及连接。

（5）使用 Proteus 进行仿真运行并观察结果。

4．实验参考程序

main.c

```
/*******************************************************************
* File:main.c
* 功能:串口发送数据。
* 说明:使用外部 11.0592MHz 晶振,不使用 PLL,Fpclk = 1/4 Fcclk。
*******************************************************************/
#include   "config.h"


/*******************************************************************
* 名称:DelayNS()
* 功能:软件延时
* 入口参数:duration 延时参数,值越大,延时越久
* 出口参数:无
*******************************************************************/
void   delay(uint32 duration)
{   uint32   i;

    for(;duration>0; duration-- )
        for(i=0; i<500; i++);
}


/*******************************************************************
```

```
* 名称:main()
* 功能:向串口 UART0 发送字符串"Hello World!"
***************************************************************/
int  main(void)
    {
    uint16 i;
    uint32 temp;
    IODIR = 0xffffffff;
    IOCLR = 0xffffffff;
    while(1)
        {
        for(i=0;i<10;i++)
            {
            delay(200);
            IOSET = 0xffffffff;
            delay(200);
            IOCLR = 0xffffffff;
            }
        for(i=0;i<10;i++)
            {
            delay(200);
            IOSET = 0x00ff00ff;
            IOCLR = 0xff00ff00;
            delay(200);
            IOSET = 0xff00ff00;
            IOCLR = 0x00ff00ff;
            }
        temp = 0x00000001;
        IOCLR = 0xffffffff;
        for(i=0;i<32;i++)
            {
            IOSET = temp;
            delay(400);
            IOCLR = temp;
            temp<<=1;
            }
        temp = 0x00000001;
        IOCLR = 0xffffffff;
        for(i=0;i<32;i++)
            {
            IOSET = temp;
            delay(300);
            temp<<=1;
```

```
            }
        temp = 0x80000000;
        for(i=0;i<32;i++)
            {
            IOCLR = temp;
            delay(300);
            temp>>=1;
            }
        temp = 0x00000003;
        IOCLR = 0xffffffff;
        for(i=0;i<16;i++)
            {
            IOSET = temp;
            delay(400);
            IOCLR = temp;
            temp<<=2;
            }
        temp = 0x00000007;
        IOCLR = 0xffffffff;
        for(i=0;i<11;i++)
            {
            IOSET = temp;
            delay(800);
            IOCLR = temp;
            temp<<=3;
            }
        temp = 0x0000000f;
        IOCLR = 0xffffffff;
        for(i=0;i<8;i++)
            {
            IOSET = temp;
            delay(1000);
            IOCLR = temp;
            temp<<=4;
            }
        temp = 0x11111111;
        IOCLR = 0xffffffff;
        for(i=0;i<4;i++)
            {
            IOSET = temp;
            delay(2000);
            IOCLR = temp;
            temp<<=1;
```